★★★★★

世界王牌武器入门之

作战舰艇

WARFARE SHIP

军情视点 编

化学工业出版社
·北京·

本书精心选取了世界各国研制的两百余种作战舰艇，涵盖了航空母舰、巡洋舰、驱逐舰、护卫舰、潜艇、两栖攻击舰等多种舰型。每种作战舰艇均以简洁精炼的文字介绍了建造历史、作战性能以及装备情况等方面的知识。为了增强阅读趣味性，并加深青少年读者对作战舰艇的认识，本书最后还专门介绍了一些作战舰艇在电影和游戏作品中的表现。

本书内容结构严谨、分析讲解透彻，图片精美丰富，不仅带领读者熟悉舰艇的发展历程，而且还可以了解舰艇的性能、装备情况等，特别适合作为广大军事爱好者的参考资料和青少年朋友的军事入门读物。

图书在版编目(CIP)数据

世界王牌武器入门之作战舰艇 / 军情视点编. —北京：化学工业出版社，2018.7（2023.2重印）
ISBN 978-7-122-32161-9

Ⅰ. ①世… Ⅱ. ①军… Ⅲ. ①战舰-介绍-世界
Ⅳ. ①E925.6

中国版本图书馆CIP数据核字（2018）第096779号

责任编辑：徐 娟　　装帧设计：中海盛嘉
责任校对：王素芹　　封面设计：刘丽华

出版发行：化学工业出版社(北京市东城区青年湖南街13号　邮政编码100011)
印　　装：涿州市般润文化传播有限公司
787mm × 1092mm　1/16　印张 7　字数 200千字　2023年2月北京第1版第4次印刷

购书咨询：010-64518888　　售后服务：010-64518899
网　　址：http://www.cip.com.cn
凡购买本书，如有缺损质量问题，本社销售中心负责调换。

定　　价：39.80元

前言

早在古希腊时代，海洋学家狄米斯托克就曾经预言：“谁控制了海洋，谁就控制了一切”。1890年，海权理论的集大成者——著名地缘政治学家阿尔弗雷德·塞耶·马汉在其名著《海权论》中，详细阐述了海权对于国家利益的重要性。他认为，海洋是连接世界的通道，不仅关系到国家安全，也关系到国家的发展。历史上强国地位的更替，实际是海权的易手。

海洋权益的实现和维护，有赖于强大的海军力量。而海军力量的强弱，很大程度上取决于海军作战舰艇的质量和数量。因此，各个沿海国家都非常重视各类作战舰艇的研发和建造工作，尤其是美国、俄罗斯、英国和法国等传统军事强国。

除了强大的海军力量，国民的海洋意识也是维护国家海洋权益的重要因素，尤其是朝气蓬勃的青少年。全面了解世界各国海军的作战舰艇，可以帮助青少年朋友熟悉当今世界海上力量的强弱对比，在潜移默化中培养他们的海洋意识和军事素养。

本书精心选取了世界各国研制的两百余种作战舰艇，涵盖了航空母舰、巡洋舰、驱逐舰、护卫舰、潜艇、两栖攻击舰等多种舰型。每种作战舰艇均以简洁精炼的文字介绍了建造历史、作战性能以及装备情况等方面的知识。为了增强阅读趣味性，并加深青少年读者对作战舰艇的认识，本书最后还专门介绍了一些作战舰艇在电影和游戏作品中的表现。

作为传播军事知识的科普读物，最重要的就是内容的准确性。本书的相关数据资料均来源于国外知名军事媒体和军工企业官方网站等权威途径，坚决杜绝抄袭拼凑和粗制滥造。在确保准确性的同时，我们还着力增加趣味性和观赏性，尽量做到将复杂的理论知识用简明的语言加以说明，并添加了大量精美的图片。因此，本书不仅是广大青少年朋友学习军事知识的不二选择，也是军事爱好者收藏的绝佳对象。

参加本书编写的有丁念阳、黎勇、王安红、邹鲜、李庆、王楷、黄萍、蓝兵、吴璐、阳晓瑜、余凑巧、余快、任梅、樊凡、卢强、席国忠、席学琼、程小凤、许洪斌、刘健、王勇、黎绍美、刘冬梅、彭光华、杨淼淼、祝如林、杨晓峰、张明芳、易小妹等。在编写过程中，国内多位军事专家对全书内容进行了严格的筛选和审校，使本书更具专业性和权威性，在此一并表示感谢。

由于时间仓促，加之军事资料来源的局限性，书中难免存在疏漏之处，敬请广大读者批评指正。

编者

2018年3月

CONTENTS

目　录

第 5 章 护卫舰入门 …… 055

第1章

作战舰艇概述

作战舰艇通常是指排水量在500吨以上、具备攻击能力的军用舰艇，也可简称为战舰。作为现代海军的核心装备，航空母舰、驱逐舰、护卫舰、潜艇和巡洋舰等作战舰艇在战争中发挥着非常重要的作用。本章详细介绍了作战舰艇的发展历史、分类和构造等知识。

作战舰艇的历史

公元前 1200 多年，埃及、腓尼基和希腊等地就已经出现了作战舰艇，主要用桨划行，有时辅以风帆。中国的造船技术在历史上也一度处于领先地位，在 7000 年前已能制造独木舟和船桨，春秋战国时期已建造用于水战的大型战船。

▲ 保存至今的美国“宪法”号风帆护卫舰（1797 年下水）

公元前 5 世纪，地中海国家已建立海上舰队，有双层和三层桨战船，艏柱下端有船艏冲角。古代史上著名的布匿战争中，罗马舰队用这种战船击溃海上强国迦太基，在地中海建立了海上霸权。到了 15 ~ 16 世纪，西方帆船舰队的发展，帆装和驶帆等技术日趋完善，这些对新航路的开辟及殖民地的掠夺和开发都起到了推动作用。

总的来说，古代生产力低下，科学技术不发达，海军技术发展缓慢，使用木质桨帆战船一直延续几千年。船上战斗人员主要使用刀、矛、箭、戟、弩炮投掷器和早期的火器等进行交战。直到 18 世纪，蒸汽机的发明，冶金、机械和燃料工业的发展，使得造船的材料、动力装置、武器装备和建造工艺发生了根本性的变革，为近代海军技术奠定了物质基础。军舰开始采用蒸汽机作为主动力装置。初期的蒸汽舰以明轮推进，同时甲板上设置有可旋转的平台和滑轨，使舰炮可以转动和移动。与同级的风帆战舰相比，其机动性能和舰炮威力都大为提高。

▲ 油画里的“拿破仑”号战列舰

19 世纪 30 年代，人类发明了螺旋桨推进器。1849 年，法国建成第一艘螺旋桨推进的蒸汽战列舰“拿破仑”号。此后，法国、英国、俄国等国的海军都开始装备蒸汽舰。60 年代出现鱼雷后，随即出现装备鱼雷的小型舰艇。70 年代，许多国家的海军基本完成了从帆船舰队向蒸汽舰队的过渡，海军的组织体制、指挥体制进一步完善，军舰日益向增大排水量、提高机动性能、增强舰炮攻击力和加强装甲防护的方向发展，装甲舰尤其是由战列舰和战列巡洋舰组成的主力舰，成为舰队的骨干力量。

20 世纪初，柴油机－电动机双推进系统潜艇研制成功，使潜艇具备一定的实战能力，海军又增加了一个新的兵种——潜艇部队。英国海军装备“无畏”级战列舰和战列巡洋舰以后，海军发展进入“巨舰大炮主义”时代。英国、美国、法国、日本、意大利、德国等海军强国之间，展开以发展主力舰为中心的海军军备竞赛。

▲ 美国海军现役“俄亥俄”级核潜艇

第一次世界大战（以下简称一战）爆发时，各主要参战国海军共拥有主力舰 150 余艘，装备鱼雷的小型舰艇成为具有可以击毁大型战舰的轻型海军兵力。20 世纪 20 ～ 30 年代，海军有了第一批航空母舰和舰载航空兵，岸基航空兵也得到发展，海军航空兵成为争夺海洋制空权的主要兵种。

▲ 俄罗斯海军现役“光荣”级巡洋舰

第二次世界大战（以下简称二战）时期，由于造船焊接工艺的广泛应用、分段建造技术和机械、设备的标准化，保证了战时能快速、批量地建造舰艇。在战争中，战列舰和战列巡洋舰逐渐失去主力舰的地位，而航空母舰和潜艇发展迅速。航空母舰编队或航空母舰编队群的机动作战、潜艇战和反潜艇战成为海战的重要形式，改变了传统的海战方式。与此同时，磁控管等电子元器件、微波技术、模拟计算机等关键技术实现了突破，从而出现了舰艇雷达、机电式指挥仪等新装备，形成舰炮系统，使水面舰艇攻防能力大为提高。

二战后，人类进入核时代，核导弹、核鱼雷、核水雷、核深水炸弹相继出现，潜艇、航空母舰向核动力化发展。20 世纪 50 ～ 60 年代，航空母舰搭载喷气式超音速海军飞机之后，垂直 / 短距起落飞机、直升机等又相继装舰，使大、中型舰艇普遍具有海空立体作战能力。潜射弹道导弹、中远程巡航导弹、反舰导弹、反潜导弹、舰空导弹、自导鱼雷、制导炮弹等一系列精确制导武器装备海军，进一步增强了现代海军的攻防作战、有限威慑和反威慑的能力。

▲ 英国海军现役“勇敢”级驱逐舰

20 世纪 70 年代以后，军用卫星、数据链通信、相控阵雷达、水声监视系统、电子信息技术和电子计算机的广泛应用，使现代战舰逐步实现自动化、系统化，并向智能化方向发展，使海军技术发展成为高度综合的技术体系。到了 90 年代，全球已有上百个国家和地区拥有海军，组织编制各不相同，所拥有的各类战舰也是五花八门。

21 世纪以来，随着人类生存空间的拓展，浩瀚的海洋成为人类获取生存和发展资源的主要场所。因此，各国围绕海洋资源产生摩擦或爆发武装冲突的可能性也将随之增大。如果说 20 世纪是陆海交战为主的战争样式的高潮期，那么 21 世纪则是从海上发起进攻的海空作战样式的迅猛发展的时代。在这种背景下，海军的作用将日益突出，各军事强国都在利用高速发展的高新技术积极研制新型战舰。除美国等少数国家外，其他国家大都注重研制中小型隐形水面战舰，对发展大型战舰持谨慎态度。

作战舰艇的分类

在现代海军中，主战舰艇包括航空母舰、巡洋舰、驱逐舰、护卫舰、潜艇、两栖攻击舰等。其中，巡洋舰已渐渐走向衰落，目前仅有极少数国家仍在使用。至于战列舰、战列巡洋舰等显赫一时的主战舰艇，则早已退出了历史舞台。

航空母舰（Aircraft Carrier）常简称为“航母”，是以舰载机为主要武器并作为其海上活动基地的大型水面舰艇。现代航空母舰通常按满载排水量的大小分为大型航空母舰（60000 吨以上）、中型航空母舰（30000 ~ 60000 吨）和轻型航空母舰（30000 吨以下）；按动力装置可分为核动力航空母舰和常规动力航空母舰。

巡洋舰（Cruiser）是一种火力强、用途多、主要在远洋活动的大型水面舰艇。巡洋舰装备有较强的进攻和防御型武器，具有较高的航速和适航性，能在恶劣气候条件下长时间进行远洋作战。

▲ 法国“夏尔·戴高乐”号航空母舰

▲ 美国“提康德罗加”级巡洋舰

▲ 英国“勇敢”级驱逐舰

驱逐舰（Destroyer）是现代海军舰队中作战能力较强的舰种之一，通常用于攻击水面舰船、潜艇和岸上目标等，并能执行舰队防空、侦察、巡逻、警戒、护航和布雷等任务，是现代海军舰艇中用途最广泛、建造数量最多的作战舰艇之一。

▲ 德国“萨克森”级护卫舰

护卫舰（Frigate）曾被称为护航舰或护航驱逐舰，武器装备以中小口径舰炮、导弹、鱼雷、水雷和深水炸弹为主。在现代海军编队中，护卫舰在吨位和火力上仅次于驱逐舰，但由于其吨位较小，自持力较驱逐舰为弱，远洋作战能力逊于驱逐舰。

▲ 瑞典“哥特兰”级潜艇

潜艇（Submarine）也叫潜水艇，是一种能在水下运行的舰艇。现代潜艇按照动力可分为常规动力潜艇与核潜艇，常规动力潜艇按排水量可分为大型潜艇（2000吨以上）、中型潜艇（600 ~ 2000吨）、小型潜艇（100 ~ 600吨）和袖珍潜艇（100吨以下）四类，而核潜艇的排水量通常在3000吨以上；按照作战使命分为攻击潜艇与战略导弹潜艇。

两栖攻击舰（Amphibious Assault Ship）是用来在敌方沿海地区进行两栖作战时，在战线后方提供空中与水面支援的军舰。它能够搭载飞机和运输坦克、登陆部队等陆战力量，所以它的内部设计异于航空母舰，很多空间用于装备登陆力量。相较于多数航空母舰，不少两栖攻击舰拥有更密集的自卫武器，不一定需要护卫舰队保护。

▲ 韩国“独岛”级两栖攻击舰

作战舰艇的构造

虽然现代海军装备的各类作战舰艇在大小、外形和功能上各有不同，但在基本构造上却大致相似。一般来说，水面舰艇的船体包括主船体和上层建筑两部分。其中，上层建筑的结构比较单薄，大多采用钢材或铝材，也有采用木材或玻璃钢的，通常只承受局部外力。

主船体是由外板和上层连续甲板包围起来的水密空心结构，形式有纵骨架式、横骨架式、混合骨架式。主船体材料大多采用钢材，也有些小型作战舰艇采用钛合金、铝合金、玻璃钢或木材。船体内由许多水密或非水密横舱壁、纵舱壁和甲板分隔成若干舱室，并承受各种外力，以保证船体的强度、稳性、浮性、不沉性和满足各舱室的需要。

潜艇的船体结构一般由耐压艇体和非耐压艇体构成，采用高强度钢材，由许多耐压或非耐压舱壁、甲板等分隔成若干舱室，其功用与水面舰艇相似。

在船体线型方面，水面舰艇大多采用排水型，部分快艇采用滑行艇、水翼艇或气垫船等船型。潜艇一般采用水滴形或雪茄形艇型。

▲ 外形极具未来感的美国海军“朱姆沃尔特”级驱逐舰

第2章

航空母舰入门

航空母舰是一种以舰载机为作战武器的大型水面舰艇，可供舰载机起飞和降落。航空母舰被誉为“海上霸主”，它是世界上最庞大、最复杂、威力最强的武器之一，是一个国家综合国力的象征。本章主要介绍一战以来世界各国建造的经典航空母舰，每种航空母舰都简明扼要地介绍了其建造背景和作战性能，并有准确的参数表格。

美国“兰利”号航空母舰

小档案

满载排水量：	14100吨
舰　长　：	165.2米
舰　宽　：	19.9米
吃水深度：	7.3米
最高航速：	15.5节

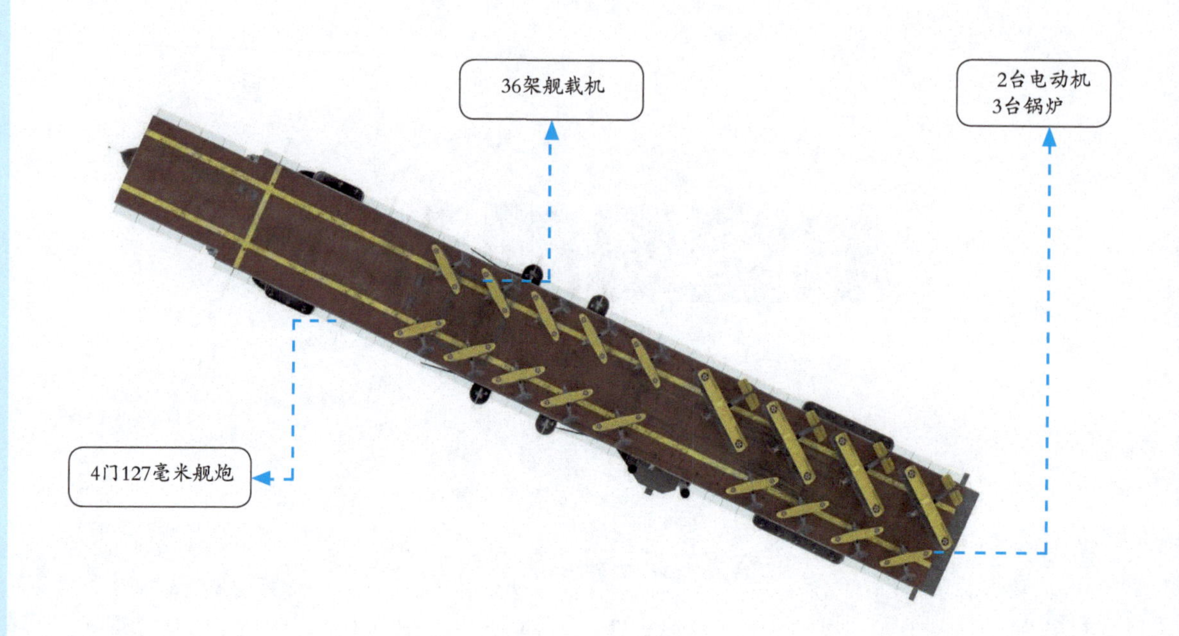

“兰利”（Langley）号航空母舰是美国海军装备的第一艘舰队航空母舰，标志着美国海军航空母舰时代的来临。该舰由“朱比特”号运煤舰改装而来，1922年3月20日开始服役。“兰利”号航空母舰是一艘典型的平原型航空母舰，舰体最上方是长163米、宽19.5米的全通式飞行甲板，舰桥位于飞行甲板的右舷前部下方。1942年2月27日，“兰利”号航空母舰在太平洋被日军击沉。

▲ “兰利”号航空母舰右舷视角

▲ “兰利”号航空母舰前方视角

美国“游骑兵”号航空母舰

小 档 案	
满载排水量：	17859吨
舰　　长　：	234.4米
舰　　宽　：	33.4米
吃 水 深 度：	6.8米
最 高 航 速：	29.3节

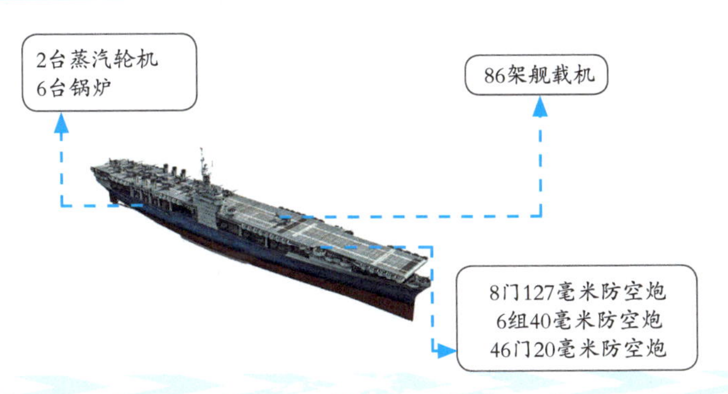

“游骑兵”（Ranger）号航空母舰是美国海军第一艘专门设计的航空母舰，1931 年 9 月 26 日开工建造，1933 年 2 月 25 日下水，1934 年 6 月 4 日开始服役。该舰在设计时没有岛式上层建筑，但在下水后添加了小型的岛式上层建筑。二战初期，“游骑兵”号在美国海军大西洋舰队服役。1944 年转为训练航空母舰，主要负责训练夜间战斗机飞行员。二战结束后，“游骑兵”号很快就退役了。

美国“列克星敦”级航空母舰

小 档 案	
满载排水量：	43746吨
舰　　长　：	270.7米
舰　　宽　：	32.3米
吃 水 深 度：	9.3米
最 高 航 速：	33.3节

91架舰载机

4座双联装203毫米舰炮
12门127毫米高平两用炮
16门127毫米高射炮

4台蒸汽轮机-电动机
16台锅炉

“列克星敦”（Lexington）级航空母舰是由战列巡洋舰改装而来，一共建造了 2 艘，即“列克星敦”号和“萨拉托加”号，两舰均于 1927 年底完工。该级舰在诞生之时以超过 43000 吨的满载排水量成为世界各国海军中最大的航空母舰，在美国海军中的这一纪录一直保持到 1945 年“中途岛”级航空母舰服役。“列克星敦”级航空母舰的防护装甲与巡洋舰相当，采用封闭舰艏，单层机库，岛式舰桥与巨大而扁平的烟囱设在右舷。

美国“约克城”级航空母舰

小 档 案	
满载排水量：	25900吨
舰　　长　：	251.38米
舰　　宽　：	33.38米
吃 水 深 度：	7.9米
最 高 航 速：	32.5节

“约克城”（Yorktown）级航空母舰是美国在 20 世纪 30 年代建造的航空母舰，一共建造了 3 艘，即“约克城”号（CV-5）、“企业”号（CV-6）和“大黄蜂”号（CV-8）。该级舰采用开放式机库，拥有 3 座升降机，飞行甲板前端装有弹射器。在“埃塞克斯”级航空母舰于 1943 年底服役前，“约克城”级一直是美国海军在太平洋的中坚部队，其中“约克城”号及“大黄蜂”号均在这段时间战损沉没，而“企业”号则参与了太平洋战争中大部分的战斗，在战后封存多年，最终被拆解。

美国“胡蜂”号航空母舰

小档案	
满载排水量：	14700吨
舰　长　：	225.93米
舰　宽　：	33米
吃水深度：	6.1米
最高航速：	29.5节

“胡蜂”（Wasp）号航空母舰是“胡蜂”级航空母舰的首舰也是仅有的一艘。该舰于1936年4月1日在伯利恒前河造船厂开工建造，1939年4月4日下水，1940年4月25日服役。“胡蜂”号最初在大西洋服役，用作护航和运输航空母舰。后来由于太平洋舰队航空母舰缺乏，“胡蜂”号作为舰队航空母舰进入太平洋作战。1942年9月15日，“胡蜂”号在瓜岛海战中被击沉。

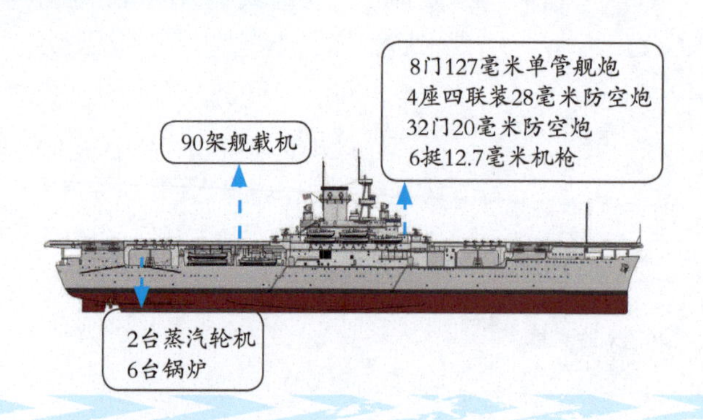

美国“埃塞克斯”级航空母舰

“埃塞克斯”（Essex）级航空母舰是美国在二战中设计建造的航空母舰，也是美国历史上建造数量最多的舰队航空母舰。该级舰批准建造的总数为32艘，实际建造了24艘，其中有17艘在二战期间建成服役，建成后相继投入了太平洋战争，剩余7艘在战后建成。首舰于1941年4月28日开工建造，1942年12月31日正式服役。在太平洋战争中，“埃塞克斯”级航空母舰扮演了重要角色。虽然有多艘“埃塞克斯”级航空母舰在战争中屡遭重创，但从未被击沉。

小档案	
满载排水量：	36960吨
舰　长　：	270.7米
舰　宽　：	28.3米
吃水深度：	8.4米
最高航速：	32.7节

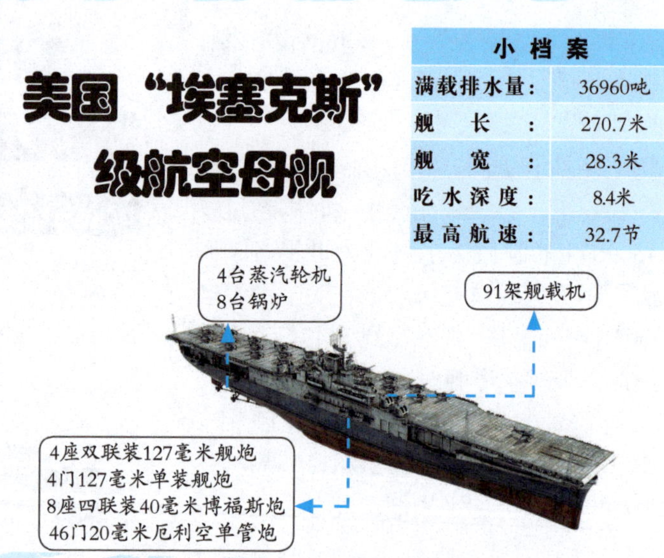

美国“独立”级航空母舰

小档案	
满载排水量：	11000吨
舰　长　：	190米
舰　宽　：	33.3米
吃水深度：	7.9米
最高航速：	31.5节

“独立”（Independence）级航空母舰是由“克利夫兰”级轻型巡洋舰改装而来的轻型航空母舰，一共建造了9艘。首舰“独立”号于1942年2月14日开始改装工作，同年12月31日建成服役。其他8艘同级舰均在1943年相继服役。二战中期，“独立”级航空母舰与同样是新服役的“埃塞克斯”级航空母舰一起，成为美国海军太平洋舰队扭转乾坤的关键力量。战争中，“独立”级航空母舰只有一艘被击沉。

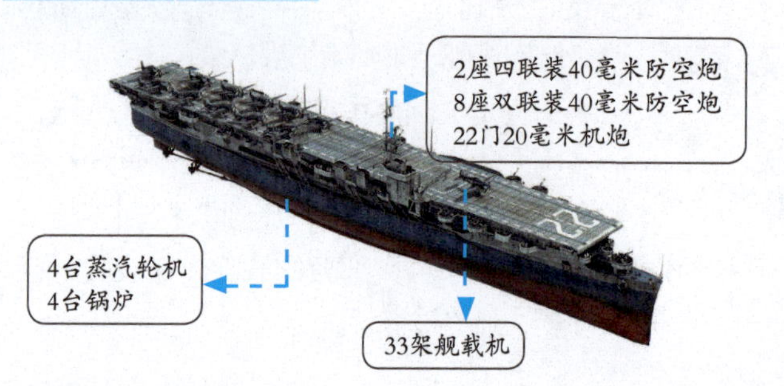

美国“塞班岛”级航空母舰

小档案	
满载排水量：	19000吨
舰　长　：	208.7米
舰　宽　：	35米
吃水深度：	8.5米
最高航速：	33节

“塞班岛”（Saipan）级航空母舰由“巴尔的摩”级重型巡洋舰改装而来，一共建造了 2 艘，即 1946 年 7 月服役的“塞班岛”号和 1947 年 2 月服役的“赖特”号。该级舰作为舰队航空母舰只服役了很短时间，两舰在 20 世纪 50 年代喷气式飞机出现之后迅速过时，于是分别被改装为通信中继船和指挥舰。改装后的两舰于 70 年代退役，80 年代被拆解。

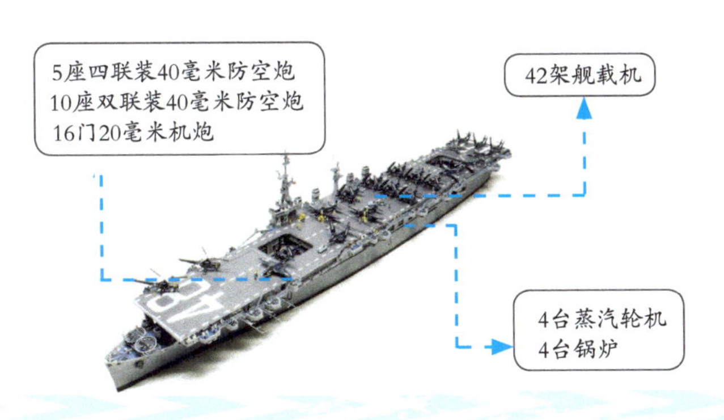

美国“中途岛”级航空母舰

“中途岛”（Midway）级航空母舰是美国在二战中研制的航空母舰，一共建造了 3 艘。“中途岛”号于 1945 年 9 月开始服役，“富兰克林·罗斯福”号于 1945 年 10 月开始服役，“珊瑚海”号于 1947 年 10 月开始服役。由于“中途岛”级各舰都没能参加二战，因此也常称“中途岛”级为美国二战后的第一代常规动力航空母舰，与“福莱斯特”级航空母舰和“小鹰”级航空母舰一起构成了美国战后的三代常规动力航空母舰。

小档案	
满载排水量：	45000吨
舰　长　：	295米
舰　宽　：	37米
吃水深度：	10米
最高航速：	33节

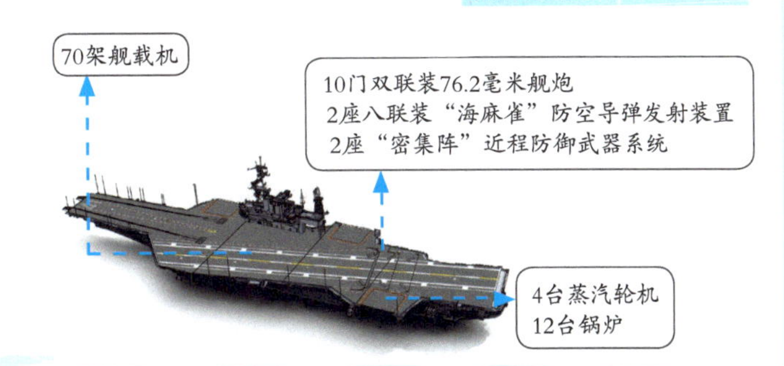

美国“福莱斯特”级航空母舰

小档案	
满载排水量：	80643吨
舰　长　：	326.1米
舰　宽　：	39.42米
吃水深度：	10.9米
最高航速：	34节

“福莱斯特”（Forrestal）级航空母舰是二战结束后美国海军首批为配合喷气式飞机的诞生而建造的航空母舰，其满载排水量超过 80000 吨，较前一代的“中途岛”级航空母舰足足增加了 25%，因此被视为是跨越了一个崭新的船舰尺码门槛，被认为是世界上第一个真正付诸建造的超级航空母舰级别。该级舰一共建造了 4 艘，首舰于 1952 年 7 月开工建造，1955 年 10 月开始服役。

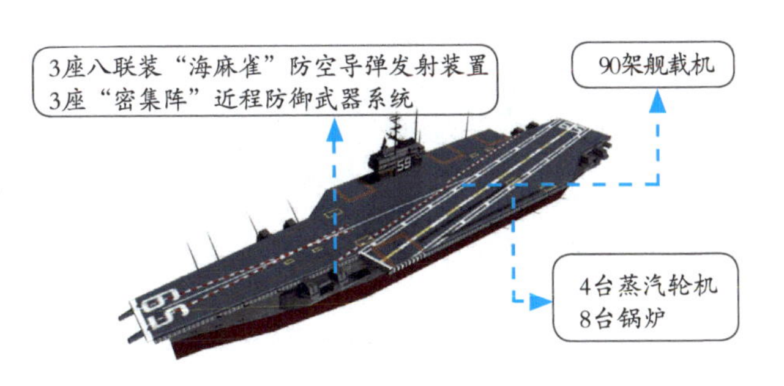

美国“小鹰”级航空母舰

小档案

满载排水量：	83090吨
舰　　长　：	320米
舰　　宽　：	40米
吃水深度：	12米
最高航速：	32节

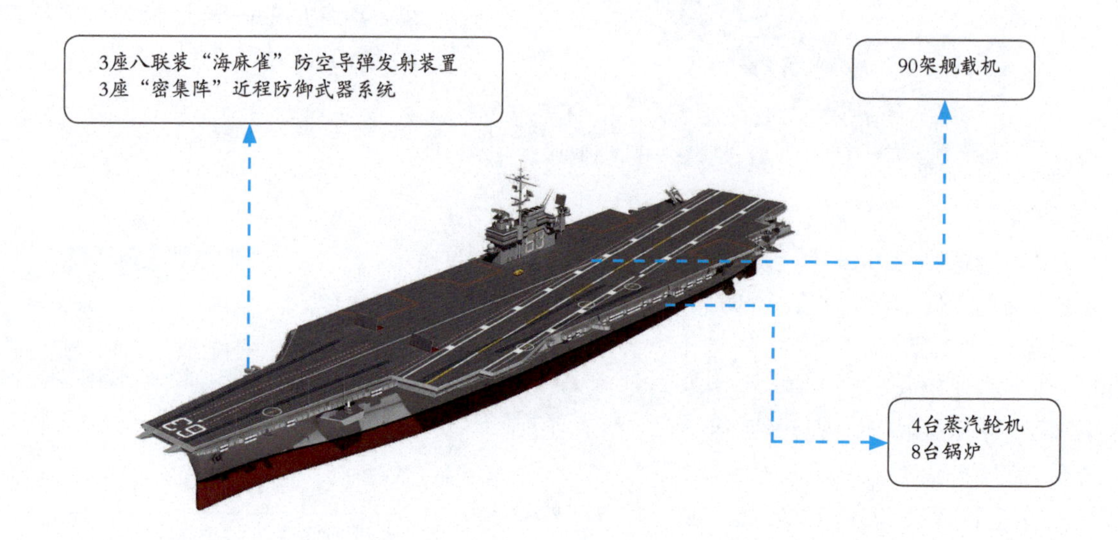

“小鹰”（Kitty Hawk）级航空母舰是“福莱斯特”级航空母舰的大幅强化版本，也是美国海军最后一级传统动力航空母舰。该级舰一共建造了4艘，其中首舰于1956年12月27日开工建造，1961年4月29日开始服役。“小鹰”级在总体设计上沿袭了“福莱斯特”级的设计特点，其舰型特点、尺寸、排水量、动力装置等都与“福莱斯特”级基本相同，但“小鹰”级在上层建筑、防空武器、电子设备、舰载机配备等方面均做了较大改进。

▲ “小鹰”级航空母舰侧前方视角

▲ “小鹰”级航空母舰左舷视角

美国“企业”号航空母舰

小档案

满载排水量：	94781吨
舰　长　：	342米
舰　宽　：	40.5米
吃水深度：	12米
最高航速：	33节

90架舰载机

8座A2W核反应堆
4台蒸汽轮机

2座“海麻雀”防空导弹发射装置
2座“拉姆”防空导弹发射装置
2座“密集阵”近程防御武器系统

“企业”（Enterprise）号航空母舰是美国及世界上第一艘核动力航空母舰，1958 年 2 月 4 日开工建造，1960 年 9 月 24 日下水，1962 年 1 月正式服役。为了获得更高的机动性，“企业”号采用了类似巡洋舰造型的船壳设计方案，这使它成为世界上舰身最长的航空母舰。该舰采用封闭式飞行甲板，从舰底至飞行甲板形成整体箱形结构。“企业”号一共装有 2 座 C-13 蒸汽弹射器、4 道拦阻索、1 道拦阻网和 4 部升降机（右舷 3 部，左舷 1 部）。

▲ “企业”号航空母舰正前方视角

▲ “企业”号航空母舰后方视角

美国“尼米兹”级航空母舰

小 档 案

满载排水量：	102000吨
舰　　长　：	317米
舰　　宽　：	40.8米
吃 水 深 度：	11.9米
最 高 航 速：	30节

“尼米兹”级航空母舰是美国继“企业”号航空母舰之后建造的第二代核动力航空母舰，其满载排水量突破了史无前例的100000吨大关。该级舰一共建造了10艘，首舰于1975年5月开始服役，十号舰于2009年1月开始服役。自服役以来，“尼米兹”级航空母舰一直是美国海军乃至世界上排水量最大的军舰，综合作战能力在同类舰艇中首屈一指。该级舰一共装有4座升降机、4座蒸汽弹射器和4条拦阻索。

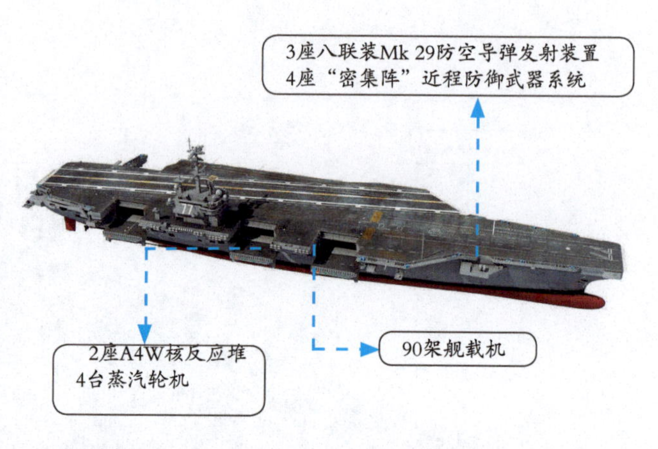

美国“福特”级航空母舰

小 档 案

满载排水量：	101600吨
舰　　长　：	337米
舰　　宽　：	78米
吃 水 深 度：	12米
最 高 航 速：	30节

3座“密集阵”近程防御武器系统
2座“拉姆”防空导弹发射装置
2座改进型“海麻雀”防空导弹发射装置
4挺12.7毫米重机枪

75架舰载机

2座A1B核反应堆

“福特”（Ford）级航空母舰是美国正在建造的新一代核动力航空母舰。首舰“福特”号已于2017年7月开始服役；二号舰“肯尼迪”号于2015年8月开工建造，预计2020年下水；三号舰“企业”号及其他同级舰计划于2020年后陆续开始建造。总建造数量计划为10艘，最终完全取代“尼米兹”级航空母舰成为美国海军舰队的新骨干。“福特”级拥有许多引领潮流的先进设计，作战能力大幅提升，其满载排水量也超过“尼米兹”级成为新的世界纪录。

苏联/俄罗斯“基辅”级航空母舰

小档案

满载排水量：	43500吨
舰　长　：	274米
舰　宽　：	53米
吃水深度：	10米
最高航速：	32节

4座双联装“玄武岩”反舰导弹发射装置
2座双联装“施托姆”防空导弹发射装置
2座双联装“奥萨”防空导弹发射装置
2座双联装76.2毫米防空炮
8座AK-630型30毫米近防炮
2座五联装鱼雷发射管
1座双联装SUW-N-1反潜火箭发射器

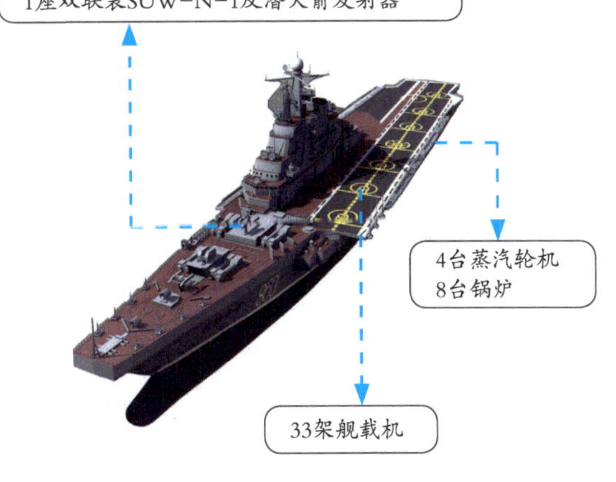

“基辅”（Kiev）级航空母舰是苏联于20世纪70年代建造的航空母舰，苏联也称其为“战术航空巡洋舰”或“航空巡洋舰”。该级舰一共建造了4艘，首舰“基辅”号于1975年1月服役，四号舰“戈尔什科夫”号于1987年1月服役。与美国和英国航空母舰“拼命腾出空间停飞机”的设计理念不同，“基辅”级航空母舰的甲板面积中仅有60%作飞机起飞停放之用。苏联解体后，“基辅”级在俄罗斯海军继续服役。该级舰的前三艘均于1993年退出现役，四号舰“戈尔什科夫”号于2004年售予印度，经改装后重新命名为“维兰玛迪雅”号。

苏联/俄罗斯“莫斯科”级航空母舰

小档案

满载排水量：	17500吨
舰　长　：	196.6米
舰　宽　：	35米
吃水深度：	7.6米
最高航速：	31节

2座十二联装RBU-6000反潜火箭发射架
1座双联装SUW-N-1反潜导弹发射架
2座SA-N-3防空导弹发射架
2座双联装57毫米防空炮
5座双联装533毫米鱼雷发射管

30架舰载机

2台蒸汽轮机
4台锅炉

“莫斯科”（Moskva）级航空母舰是苏联建造的直升机航空母舰，一共建造了2艘。首舰“莫斯科”号于1962年12月开工建造，1967年12月服役。二号舰“列宁格勒”号于1965年1月开工建造，1969年6月服役。该级舰采用混合式舰型，舰体前半部分为典型的巡洋舰布置，后半部则是宽敞的直升机飞行甲板。苏联解体后，“莫斯科”级继续在俄罗斯海军服役，其中“莫斯科”号持续服役至1996年。

苏联/俄罗斯“库兹涅佐夫”号航空母舰

小档案

满载排水量：	61390吨
舰 长 ：	305米
舰 宽 ：	72米
吃水深度：	10米
最高航速：	29节

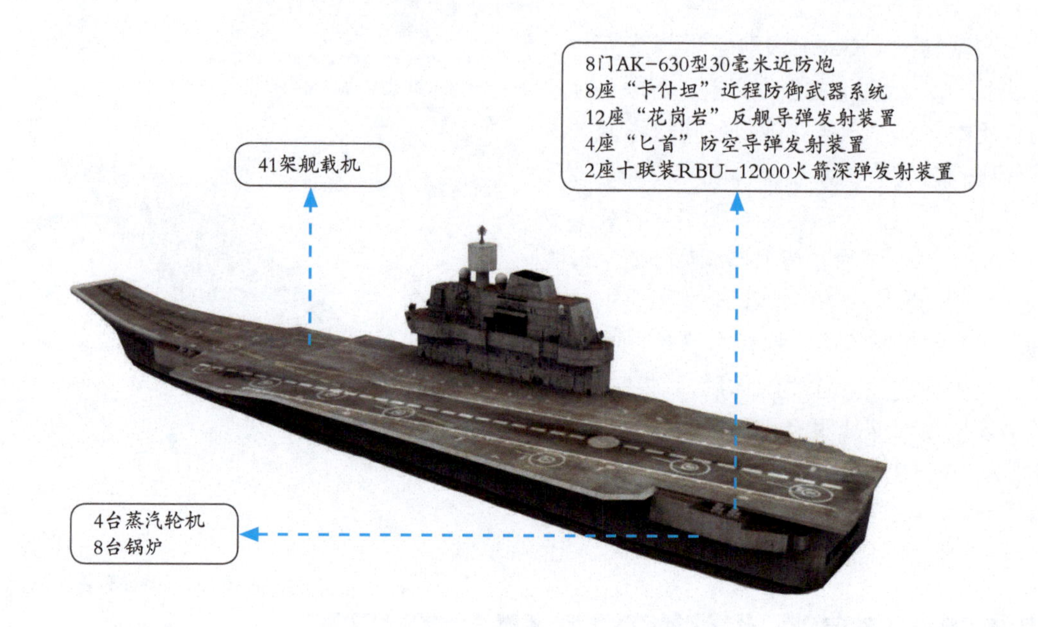

“库兹涅佐夫”（Kuznetsov）号航空母舰是苏联建造的大型航空母舰，目前是俄罗斯海军唯一的现役航空母舰，部署于俄罗斯海军北方舰队。该舰于 1983 年 2 月 22 日开工建造，1991 年 1 月开始服役。与西方航空母舰相比，“库兹涅佐夫”号的定位有所不同，苏联称之为“重型航空巡洋舰”，它没有装备平面弹射器，却可以起降重型战斗机。即便不依赖舰载机，该舰仍有相当强大的战斗力量。

▲ “库兹涅佐夫”号航空母舰正前方视角

▲ “库兹涅佐夫”号航空母舰侧后方视角

小 档 案	
满载排水量：	16028吨
舰 长 ：	172.2米
舰 宽 ：	20.7米
吃水深度：	7.1米
最高航速：	20节

英国“百眼巨人”号航空母舰

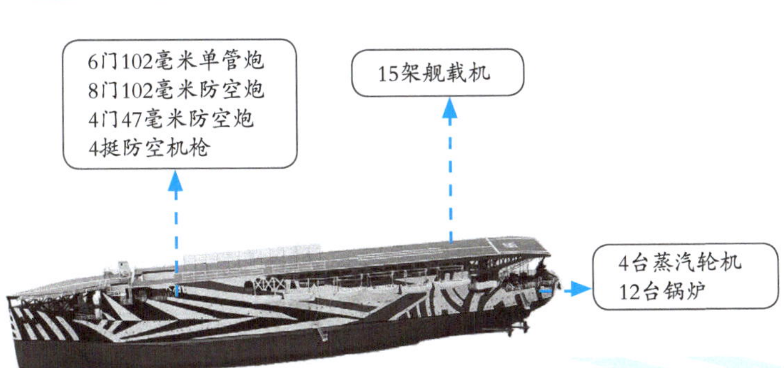

“百眼巨人”（Argus）号航空母舰是英国海军第一艘真正意义上的航空母舰外形的军舰，也是世界上第一艘全通式飞行甲板航空母舰。该舰由“罗索伯爵”号远洋邮轮改装而来，1918 年 9 月编入英国海军的作战序列。1918年10月1日，由理查·贝尔·戴维斯中校驾驶的“支柱”式飞机首次降落在“百眼巨人”号上。1946 年 5 月 6 日，“百眼巨人”号从英国海军除籍，1947 年被出售并拆毁。

英国“竞技神”号航空母舰

小 档 案	
满载排水量：	13900吨
舰 长 ：	182.9米
舰 宽 ：	21.4米
吃水深度：	7.1米
最高航速：	25节

“竞技神”（Hermes）号航空母舰是英国第一艘专门设计的航空母舰，被认为是现代航空母舰的始祖。该舰于 1917 年 4 月开工建造，直到 1923 年才完工。“竞技神”号拥有全通式飞行甲板，而非改装航空母舰中常见的前后两段式，极大地方便了舰载机起降作业。1942 年 4 月 9 日，“竞技神”号在印度锡兰岛亭可马里海军基地附近被日军击沉。

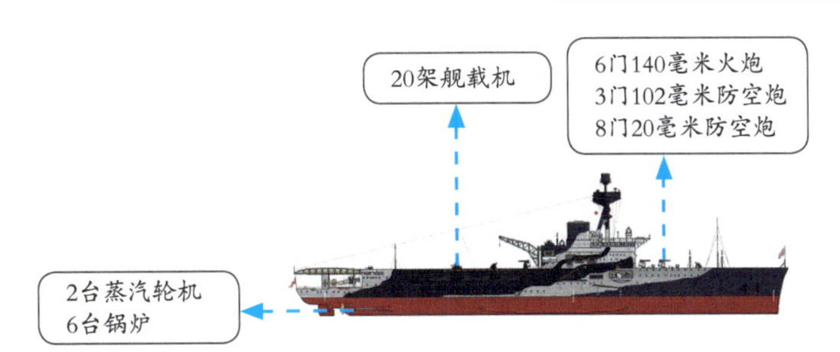

小 档 案	
满载排水量：	28160吨
舰 长 ：	240米
舰 宽 ：	28.9米
吃水深度：	8.7米
最高航速：	30节

英国“皇家方舟”号航空母舰

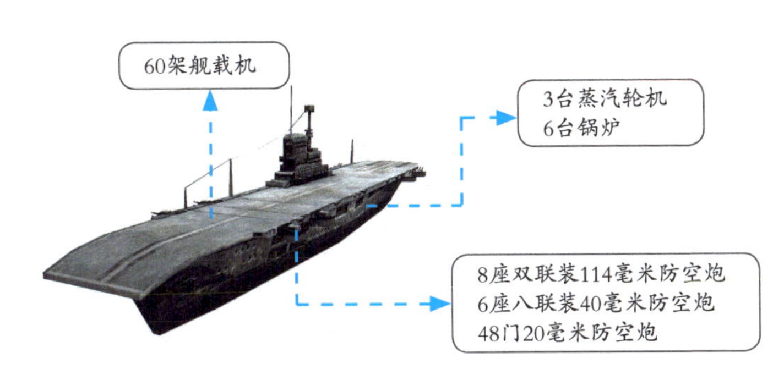

“皇家方舟”（Ark Royal）号航空母舰是英国政府于 1934 年批准拨款建造的舰队航空母舰，1935 年 9 月开工建造，1937 年下水，1938 年完工服役。该舰采用外伸式的飞行甲板，飞行甲板前部为起飞用，后部为着舰用。二战中，“皇家方舟”号主要在欧洲战场上作战，最著名的战绩是在围歼德国“俾斯麦”号战列舰时击毁其方向舵，为英国舰队最后击沉该舰赢得了先机。1941 年 11 月 13 日，“皇家方舟”号不幸被德国 U-81 潜艇击沉。

英国“光辉”级航空母舰

小档案	
满载排水量：	28919吨
舰　长：	225.6米
舰　宽：	29.2米
吃水深度：	8.8米
最高航速：	30.5节

“光辉”（Illustrious）级航空母舰是英国于20世纪30年代后期建造的航空母舰，一共建造了4艘，即“光辉”号、“可畏”号、“胜利”号和“不挠”号，前两艘分别在1940年5月和11月服役，后两艘分别在1941年5月和10月服役。“光辉”级的排水量与“皇家方舟”号大体相当，飞行甲板较后者缩短了18米。二战中，“光辉”级先后在地中海和太平洋作战。战后，“光辉”级各舰相继退役，其中“胜利”号退役时间最晚（1968年退役）。

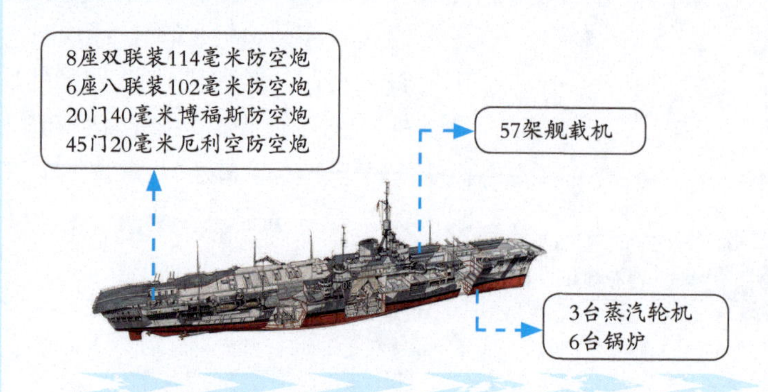

英国“怨仇”级航空母舰

“怨仇”（Implacable）级航空母舰是“光辉”级航空母舰的改进型，一共建造了2艘。首舰“怨仇”号于1939年2月21日开工，1944年8月28日服役。二号舰“不倦”号于1939年11月3日开工，1944年5月3日服役。“怨仇”级在“光辉”级的基础上做了较大的改进，第二层机库加长，增加了装甲。由于参战较晚，“怨仇”级在二战中没有取得多大战果。

小档案	
满载排水量：	32630吨
舰　长：	233.4米
舰　宽：	29.2米
吃水深度：	8.9米
最高航速：	32.5节

8座双联装114毫米舰炮
5座八联装2磅防空炮
1座四联装2磅防空炮
4门40毫米博福斯防空炮
55门20毫米厄利空防空炮

81架舰载机

4台蒸汽轮机
8台锅炉

英国“独角兽”号航空母舰

小档案	
满载排水量：	20600吨
舰　长：	195.1米
舰　宽：	27.5米
吃水深度：	7米
最高航速：	24节

“独角兽”（Unicorn）号航空母舰于1939年6月26日开工建造，1941年11月20日下水，1943年3月12日服役，先后被派往大西洋、地中海、太平洋作战。1946年1月，“独角兽”号航空母舰退役封存。1949年，该舰重新服役，作为远东地区的飞机运输舰，主要用于运输、维修和保障。1953年11月17日，“独角兽”号航空母舰再次退役。1959年，该舰被卖出，最终于1960年被拆解。

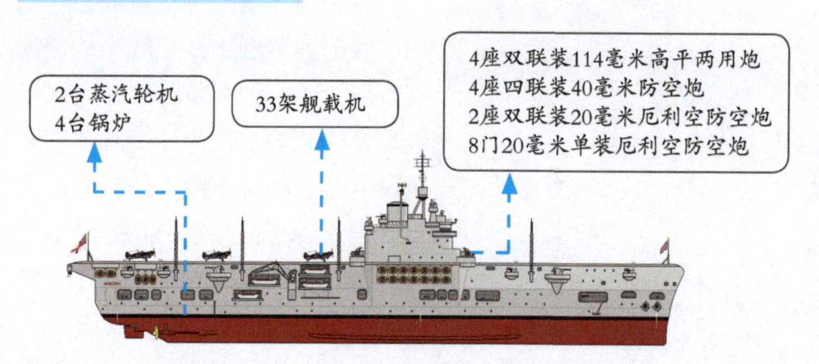

小 档 案	
满载排水量：	18000吨
舰　　长　：	212米
舰　　宽　：	24米
吃 水 深 度：	7.09米
最 高 航 速：	25节

英国“巨人”级航空母舰

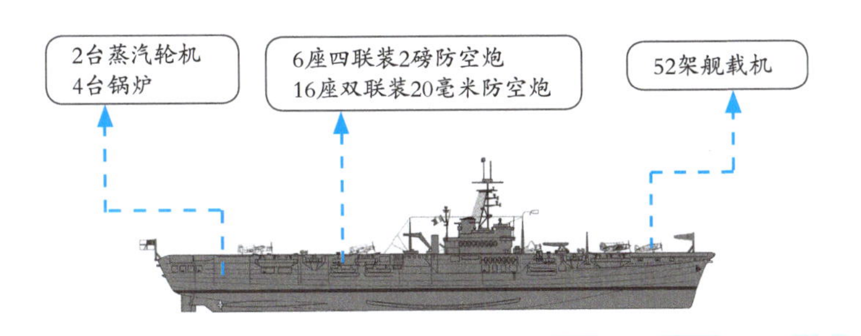

“巨人”（Colossus）级航空母舰由英国维克斯·阿姆斯特朗造船厂建造，一共建造了10艘，其中有2艘加装了飞机维护设备而不是弹射器和拦阻索，用作维护修理舰。因建造时间太迟，“巨人”级航空母舰没有在二战中发挥太大的作用。二战后，该级舰出现在其他多个国家的海军中，扮演了多种角色，如一线战斗航空母舰、试验航空母舰和训练航空母舰等。

英国“庄严”级航空母舰

“庄严”（Majestic）级航空母舰最初被列为“巨人”级航空母舰，后来由于进行了很多现代化改装，与原始设计差异较大，所以重新命名为“庄严”级。该级舰的建造工作在二战结束后停止，没有进入英国海军服役。直到该级舰被卖给澳大利亚（2艘）、加拿大（2艘）、印度（1艘）后，建造工作才得以继续。“庄严”级航空母舰的飞行甲板长211.4米、宽34.1米，甲板装甲厚度为25～50毫米。

小 档 案	
满载排水量：	18000吨
舰　　长　：	212米
舰　　宽　：	24米
吃 水 深 度：	7.09米
最 高 航 速：	25节

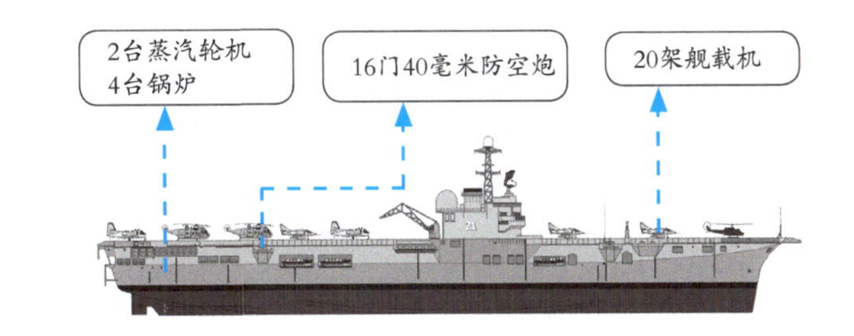

小 档 案	
满载排水量：	28700吨
舰　　长　：	224.6米
舰　　宽　：	39.6米
吃 水 深 度：	8.7米
最 高 航 速：	28节

英国“半人马”级航空母舰

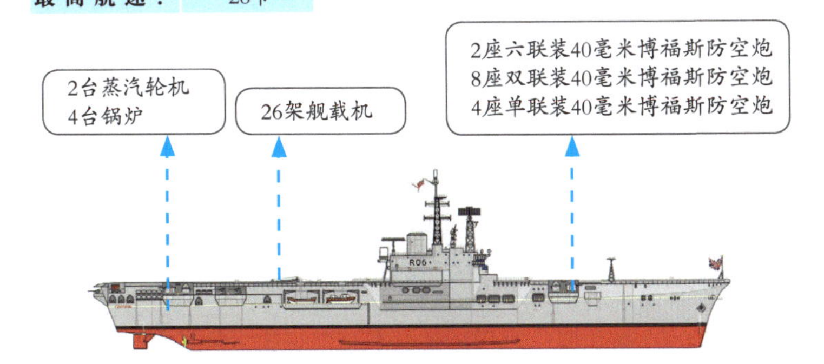

“半人马”（Centaur）级航空母舰原本称为“竞技神”级航空母舰，根据1943年战时计划，英国海军原计划建造8艘，二战结束后，有4艘被取消建造，已建造的4艘改称“半人马”级航空母舰。其中，首舰“半人马”号于1944年5月开工建造，1953年9月服役。四号舰“竞技神”号与其他同级舰差别较大，在服役末期参加了马岛战争，后被售予印度海军并改名为“维拉特”号。

英国“无敌”级航空母舰

小档案	
满载排水量：	22000吨
舰 长 ：	209米
舰 宽 ：	36米
吃水深度：	8米
最高航速：	28节

“无敌”级航空母舰是英国于20世纪70年代建造的轻型传统动力航空母舰，一共建造了3艘。首舰“无敌”号于1980年7月服役，二号舰“卓越”号于1982年6月服役，三号舰“皇家方舟”号于1985年11月服役。“无敌”级创造性地应用了滑跃甲板，并首次采用全燃气轮机动力装置，使航空母舰这一舰种进入了不依赖弹射装置便可以起降战斗机的新时期。这一起飞方式后来被各国的轻型航空母舰普遍采用。

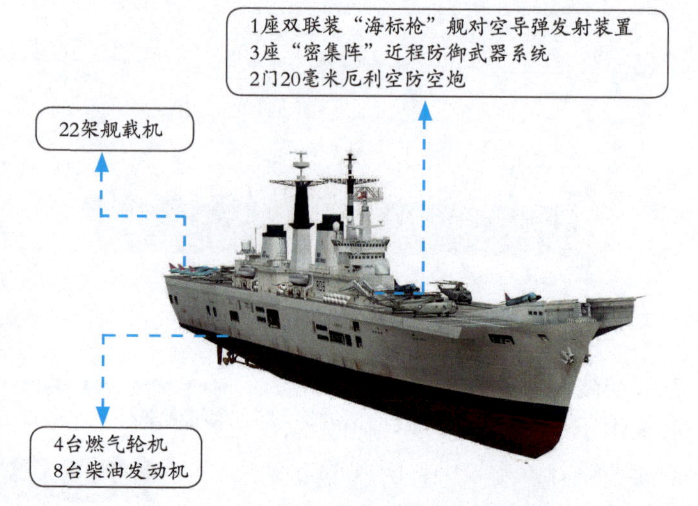

英国“伊丽莎白女王”级航空母舰

小档案	
满载排水量：	65000吨
舰 长 ：	280米
舰 宽 ：	39米
吃水深度：	11米
最高航速：	25节

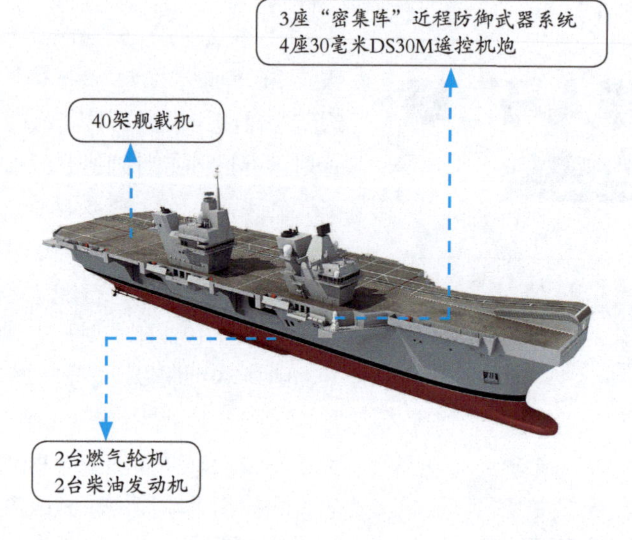

“伊丽莎白女王”（Queen Elizabeth）级航空母舰是英国正在建造的新一代大型航空母舰，计划建造2艘，首舰已于2017年12月开始服役，二号舰计划于2020年开始服役。该级舰是英国有史以来建造的最大军舰，其满载排水量约65000吨，几乎是“无敌”级航空母舰的3倍。“伊丽莎白女王”级的飞行甲板总面积约为13000平方米，涂有防滑抗热涂装，舰艏设有一个仰角13度的滑跃甲板。飞行甲板上配有2座升降机，均位于右舷。

法国“圣女贞德”号航空母舰

小 档 案	
满载排水量：	12365吨
舰　　长　：	182米
舰　　宽　：	24米
吃 水 深 度：	7.5米
最 高 航 速：	28节

“圣女贞德”（Jeanne d’Arc）号航空母舰是法国建造的直升机航空母舰。该舰于 1960 年 7 月 7 日开工建造，1961 年 9 月 30 日下水，1964 年 7 月 16 日正式服役。“圣女贞德”号可操作数架直升机进行反潜、两栖垂直登陆或空中扫雷等作战任务，此外还担任法国海军军官学校的训练舰，担负应届毕业生的年度例行远航训练任务。由于构型特殊，且曝光率高，该舰成为冷战时期法国海军的象征性军舰。直到 2010 年 5 月，“圣女贞德”号才退出现役。

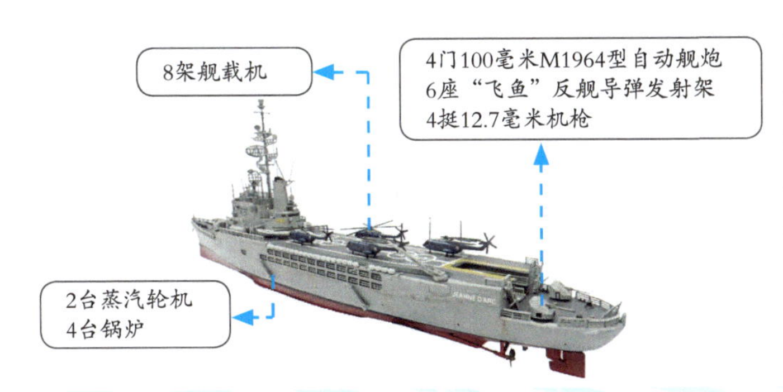

法国“克莱蒙梭”级航空母舰

“克莱蒙梭”（Clemenceau）级航空母舰是法国自行建造的第一级航空母舰，曾是世界上唯一能起降固定翼飞机的中型航空母舰，具有与美国大型航空母舰相同的斜角甲板和相应设备。该级舰一共建造了 2 艘，首舰“克莱蒙梭”号于 1955 年 11 月开工，1961 年 11 月服役。二号舰“福煦”号于 1957 年 2 月开工，1963 年 7 月服役。“克莱蒙梭”号于 1997 年 7 月退役，“福煦”号于 2000 年退役并低价出售给巴西海军，经改装后重新命名为“圣保罗”号。

小 档 案	
满载排水量：	32780吨
舰　　长　：	265米
舰　　宽　：	51.2米
吃 水 深 度：	8.6米
最 高 航 速：	32节

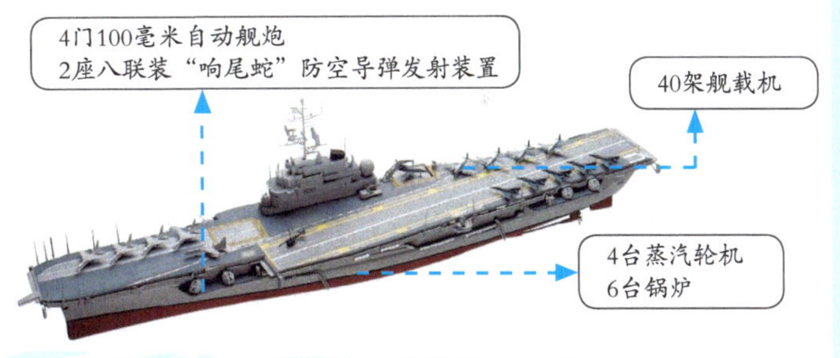

法国“夏尔·戴高乐”号航空母舰

小 档 案	
满载排水量：	42500吨
舰　　长　：	261.5米
舰　　宽　：	64.4米
吃 水 深 度：	9.4米
最 高 航 速：	27节

“夏尔·戴高乐”（Charles de Gaulle）号航空母舰是法国海军第一艘核动力航空母舰，也是目前世界上唯一非美国海军所属的核动力航空母舰。该舰于 1989 年 4 月开工建造，1994 年 5 月下水，2001 年 5 月正式服役。“夏尔·戴高乐”号采用全通式斜角飞行甲板，而不采用欧洲航空母舰常见的滑跃甲板设计。由于吨位不到美国“企业”号航空母舰的一半，舰体尺寸也远小于“企业”号，所以“夏尔·戴高乐”号仅装有 2 座蒸汽弹射器。

40架舰载机
4组八联装“阿斯特”导弹发射装置
2座六联装“萨德拉尔”导弹发射装置
8门20毫米机炮
2座K15核反应堆

意大利“加里波第”号航空母舰

小档案	
满载排水量：	13850吨
舰长：	180.2米
舰宽：	33.4米
吃水深度：	8.2米
最高航速：	30节

“加里波第”（Garibaldi）号航空母舰于1981年3月开工建造，1983年6月下水，1985年9月正式服役，成为继“无敌”级航空母舰之后出现的又一具有代表性的轻型航空母舰。“加里波第”号的外形与“无敌”级大致相同，也是直通式飞行甲板，甲板前部有6.5度的上翘。不过，“加里波第”号比“无敌”级更轻，排水量只有后者的三分之二。

意大利“加富尔”号航空母舰

“加富尔”（Cavour）号航空母舰是意大利在21世纪建造的第一艘航空母舰，于2001年开工建造，2004年7月下水，2008年3月正式服役。该舰使用全通飞行甲板，采用了滑跃跑道设计。截至2018年2月，“加富尔”号仍是意大利海军排水量最大的水面舰艇，它与“地平线”级驱逐舰和欧洲多任务护卫舰一起组成了颇具欧洲特色的海上远洋舰队，是意大利海军的核心力量。

小档案	
满载排水量：	27100吨
舰长：	244米
舰宽：	39米
吃水深度：	8.7米
最高航速：	28节

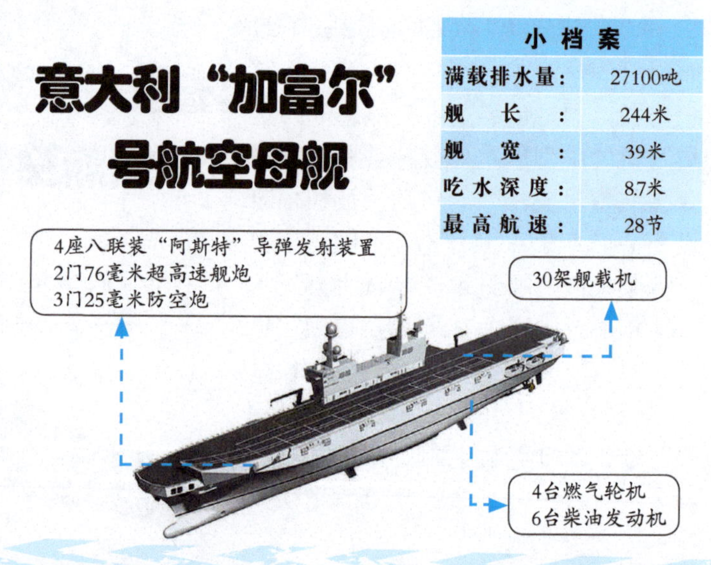

西班牙“阿斯图里亚斯亲王”号航空母舰

小档案	
满载排水量：	16700吨
舰长：	195.9米
舰宽：	24.3米
吃水深度：	9.4米
最高航速：	26节

“阿斯图里亚斯亲王”（Príncipe de Asturias）号航空母舰是西班牙建造的搭载垂直/短距起降飞机的轻型航空母舰，1979年10月开工建造，1988年5月正式服役。“阿斯图里亚斯亲王”号采用了滑跃甲板设计，在舰艏跑道末端加装了一段12度仰角飞行甲板。该舰的飞行甲板在主甲板之上，从而形成敞开式机库，这在二战后的航空母舰中是绝无仅有的。2013年，“阿斯图里亚斯亲王”号退出现役。

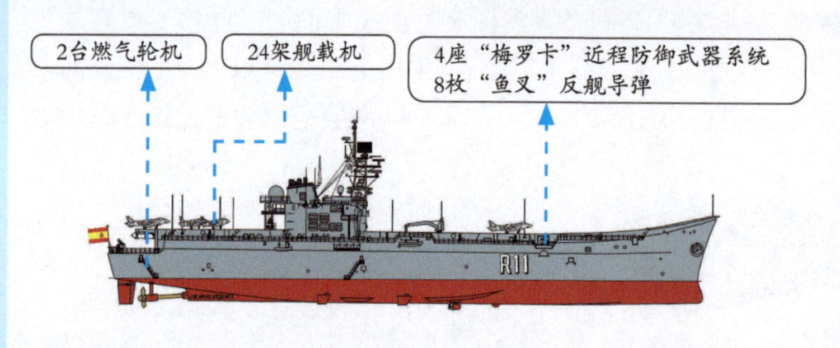

西班牙“胡安·卡洛斯一世”号战略投送舰

小档案	
满载排水量：	24660吨
舰　长　：	230.82米
舰　宽　：	32米
吃水深度：	7.07米
最高航速：	21节

22架舰载机

4门20毫米厄利空防空炮
4挺12.7毫米机枪

1台燃气轮机
2台柴油发动机

“胡安·卡洛斯一世”（Juan Carlos Ⅰ）号是西班牙自主设计建造的多用途战舰，西班牙将其定位为“战略投送舰”。该舰于2005年5月开工建造，2010年9月正式服役。“胡安·卡洛斯一世”号的功能完善，同时兼具轻型航空母舰和船坞登陆舰的特性，能容纳和操作垂直起降飞机、直升机、两栖登陆载具、车辆等多种装备。该舰从上到下共分为四层：大型全通飞行甲板层、轻型车库和机库层、船坞和重型车库层、居住层。

日本“凤翔”号航空母舰

小档案	
满载排水量：	10500吨
舰　长　：	168.25米
舰　宽　：	17.98米
吃水深度：	6.17米
最高航速：	25节

“凤翔”（Hōshō）号航空母舰是日本于1919年开始建造的航空母舰，1922年12月27日，该舰在横须贺海军造船厂竣工，成为世界上最先完工的专门设计的航空母舰。“凤翔”号打破了第一代航空母舰的“平原型”结构，一个小型岛式舰桥被设置在全通式飞行甲板的右舷。该舰在二战中没有取得多少战果，多数时候作为训练用舰。1946年9月，“凤翔”号正式退役。

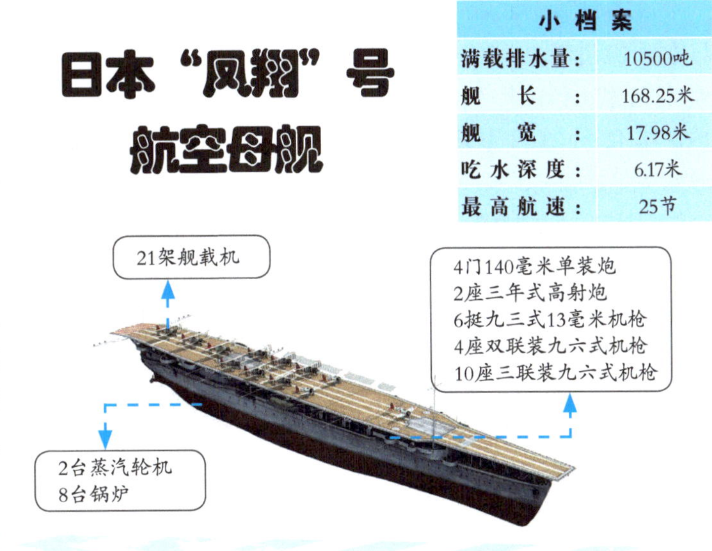

日本“赤城”号航空母舰

小档案	
满载排水量：	42000吨
舰　长　：	260.67米
舰　宽　：	31.32米
吃水深度：	8.71米
最高航速：	31.5节

66架舰载机

6门200毫米单装舰炮
6座双联装120毫米防空炮
14座双联装25毫米舰炮

4台蒸汽轮机
19台锅炉

“赤城”（Akagi）号航空母舰是由战列巡洋舰改装而来，1925年4月2日下水，1927年3月27日服役。该舰采用三段飞行甲板设计，甲板呈阶梯状分为三层，上层是起降两用甲板，而其前端下方是横跨舰体两舷的舰桥。在偷袭珍珠港的行动中，“赤城”号搭载的航空战队创下击沉5艘战列舰的纪录。之后，“赤城”号作为日本第一航空战队旗舰，先后参与拉包尔空袭、达尔文港空袭、印度洋海战，最后在中途岛海战中被击沉。

日本“加贺”号航空母舰

小档案	
满载排水量：	43600吨
舰长：	247.65米
舰宽：	32.5米
吃水深度：	9.48米
最高航速：	28节

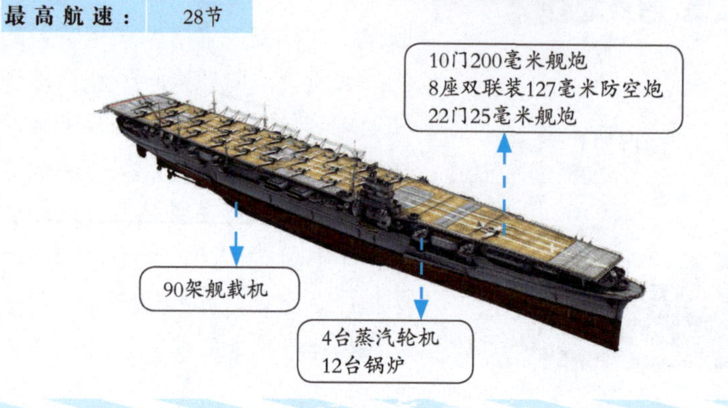

“加贺”（Kaga）号航空母舰由战列舰改装而来，1923年12月13日开始进行改装工作，1928年3月31日完成改装并开始服役。“加贺”号的布局形式与“赤城”号相似，也采用三段式三层飞行甲板。与“赤城”号不同的是，“加贺”号的横卧式烟囱延伸到舰艉附近，以便将烟引至舰艉排放。二战中，“加贺”号参加了偷袭珍珠港的行动，以及拉包尔、卡维恩和达尔文港等地的空袭行动，最后在中途岛海战中被击沉。

日本“苍龙”号航空母舰

小档案	
满载排水量：	19100吨
舰长：	227.5米
舰宽：	21.3米
吃水深度：	7.6米
最高航速：	34节

“苍龙”（Sōryū）号航空母舰是日本于20世纪30年代中期建造的舰队航空母舰，1934年11月20日开工，1935年12月23日下水，1937年12月29日完工并服役，隶属日本联合舰队第二航空战队。“苍龙”号采用全通式飞行甲板，并有大容量的双层机库，右舷设有岛式舰桥。该舰的缺点是装甲较薄，这也是它最终被炸弹击沉的原因之一。二战中，“苍龙”号主要在太平洋战场上作战。1942年6月5日中途岛海战中，“苍龙”号被美军击沉。

日本“飞龙”号航空母舰

小档案	
满载排水量：	20570吨
舰长：	227.4米
舰宽：	22.3米
吃水深度：	7.8米
最高航速：	34节

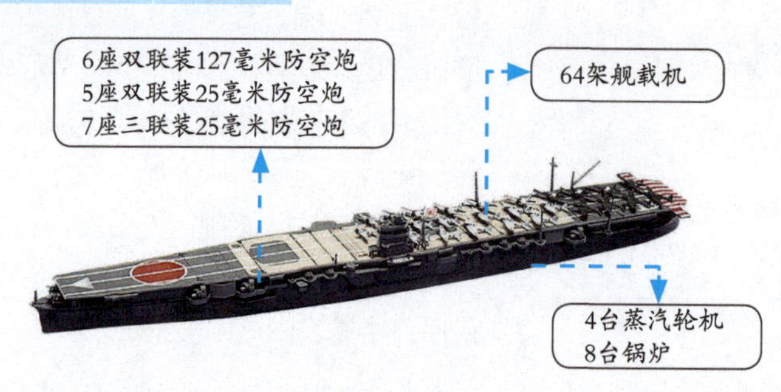

“飞龙”（Hiryū）号于1936年7月8日开工建造，原计划作为“苍龙”级航空母舰的二号舰，采用与“苍龙”号相同的设计，不过在有了“加贺”号的改装经验与“苍龙”号的施工经验之后，“飞龙”号的设计被大幅更改，与“苍龙”号区别较大，于是便独立成级。“飞龙”号于1939年7月5日完工，之后与“苍龙”号一起编入日本联合舰队第二航空战队。二战中，“飞龙”号参加了日本在珍珠港、南太平洋和印度洋的战斗，最终在1942年6月中途岛海战中被击沉。

日本“翔鹤”级航空母舰

小档案	
满载排水量：	32105吨
舰长：	257.5米
舰宽：	29米
吃水深度：	9.32米
最高航速：	34.5节

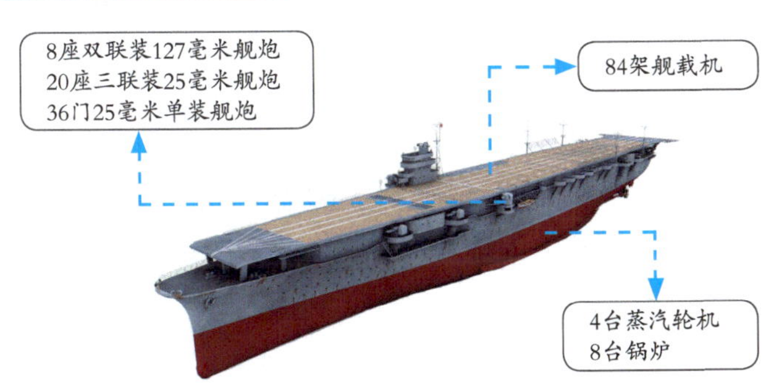

“翔鹤”（Shōkaku）级航空母舰是日本于20世纪30年代后期建造的舰队航空母舰，一共建造了2艘，即“翔鹤”号和“瑞鹤”号。“翔鹤”号于1937年12月12日开工建造，1941年8月8日服役。“瑞鹤”号于1938年5月25日开工建造，1941年9月25日服役。“翔鹤”级航空母舰可以看作“飞龙”号航空母舰的扩大改进型，加装了防护装甲，具有很高的干舷。1944年，“翔鹤”号和“瑞鹤”号均被美军击沉。

日本“云龙”级航空母舰

“云龙”（Unryū）级航空母舰是二战时期日本为对抗美国海军太平洋舰队而紧急建造的舰队航空母舰。因时间紧迫，“云龙”级航空母舰直接使用稍稍修正的“飞龙”号航空母舰设计图，几乎没有新增任何设计。该级舰原计划建造16艘，因战局恶化导致资源和生产力不足，最终只有3艘（“云龙”号、“天城”号、“葛城”号）完工。

小档案	
满载排水量：	22400吨
舰长：	227.35米
舰宽：	22米
吃水深度：	7.86米
最高航速：	34节

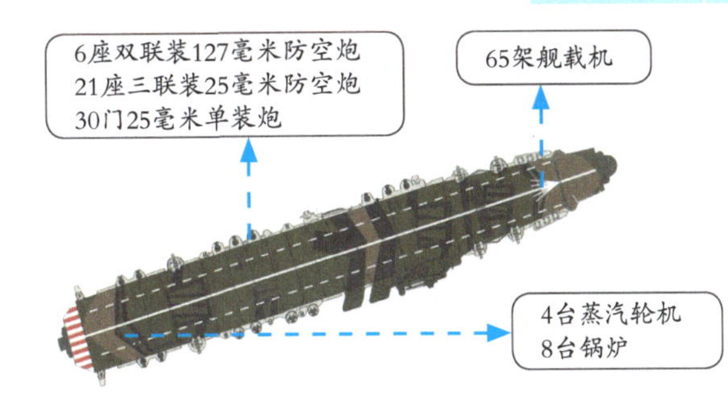

日本“大凤”号航空母舰

小档案	
满载排水量：	37870吨
舰长：	260.6米
舰宽：	27.4米
吃水深度：	9.6米
最高航速：	33.3节

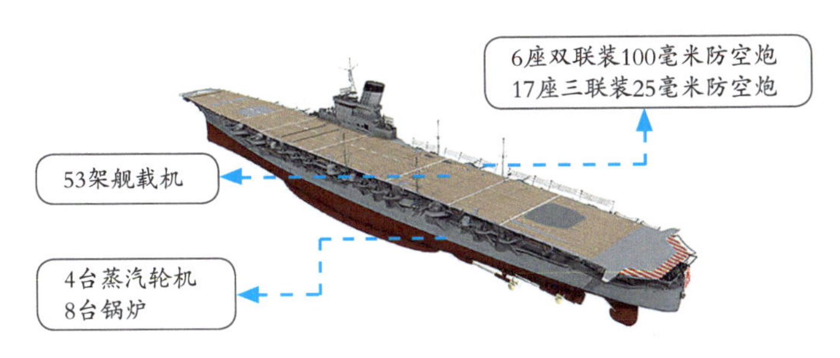

“大凤”（Taihō）号航空母舰是日本在二战中最后完工的一艘正规航空母舰，1941年7月10日动工建造，1944年3月7日开始服役。与日本其他航空母舰不同的是，“大凤”号主要在舰队中担任支援其他航空母舰作战的任务，并不强调舰载机数量，而是将防护性能摆在首位。该舰是日本第一艘采用装甲飞行甲板的航空母舰，飞行甲板上铺设75毫米装甲，其下还有20毫米特种钢板。1944年6月19日，“大凤”号被美军潜艇击沉。

日本"信浓"号航空母舰

小 档 案	
满载排水量：	71890吨
舰　长　：	266米
舰　宽　：	36.3米
吃水深度：	10.8米
最高航速：	27节

"信浓"（Shinano）号航空母舰是旧日本海军有史以来建造的排水量最大的军舰，也是当时世界上排水量最大的军舰。然而，日本丧心病狂的举动并没有为他们带来期望的胜利。1944年11月28日，"信浓"号航空母舰在服役后的第一次正式出航中，仅仅航行了17小时便被美军潜艇发射的4枚鱼雷击沉，创造了世界舰船史上最短命的航空母舰的纪录。

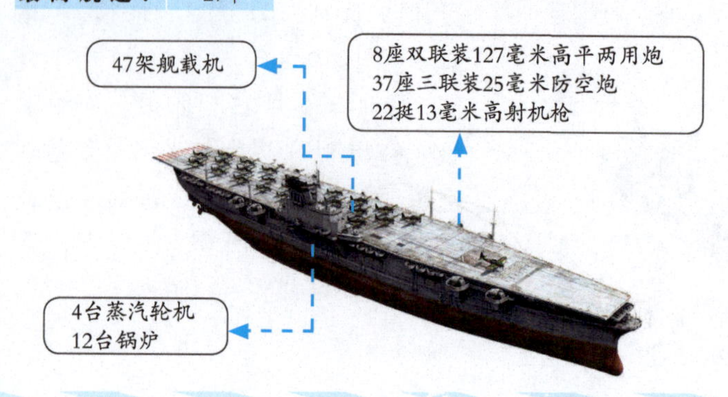

日本"日向"级直升机护卫舰

小 档 案	
满载排水量：	19000吨
舰　长　：	197米
舰　宽　：	33米
吃水深度：	7米
最高航速：	30节

"日向"（Hyūga）级直升机护卫舰是日本于21世纪初建造的大型水面舰艇，一共建造了2艘。首舰"日向"号于2006年5月开工建造，2009年3月服役。二号舰"伊势"号于2008年5月开工建造，2011年3月服役。"日向"级一度是日本在二战结束、海军解散后所建造的排水量最大的军舰，虽然日本海上自卫队称其为"直升机护卫舰"，但其拥有与别国海军直升机航空母舰乃至轻型航空母舰接近的舰体构造、功能与吨位。

日本"出云"级直升机护卫舰

小 档 案	
满载排水量：	27000吨
舰　长　：	248米
舰　宽　：	38米
吃水深度：	7.5米
最高航速：	30节

"出云"（Izumo）级直升机护卫舰是日本在"日向"级直升机护卫舰之后建造的新一级大型水面舰艇，一共建造了2艘。首舰"出云"号于2015年3月正式服役，二号舰"加贺"号于2017年3月正式服役。"出云"级打破了"日向"级创造的吨位纪录。该级舰虽然仍旧保持"直升机护卫舰"的定位，但其尺寸和排水量已超过了日本二战时期的部分正规航空母舰，也超过了意大利、泰国等国现役的轻型航空母舰。

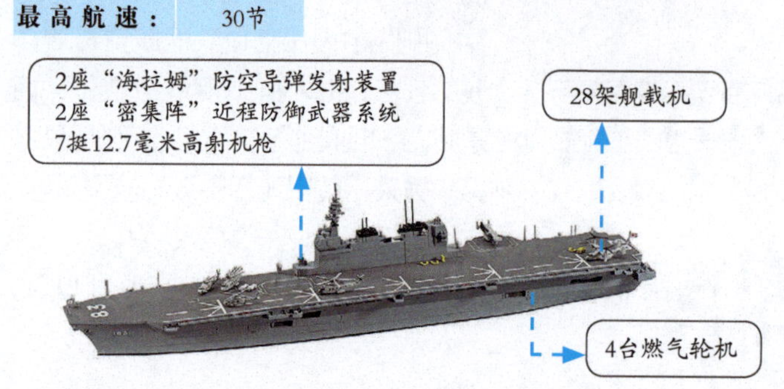

印度“维兰玛迪雅”号航空母舰

小档案

满载排水量：	45400吨
舰　　长　：	283.5米
舰　　宽　：	59.8米
吃水深度：	10.2米
最高航速：	30节

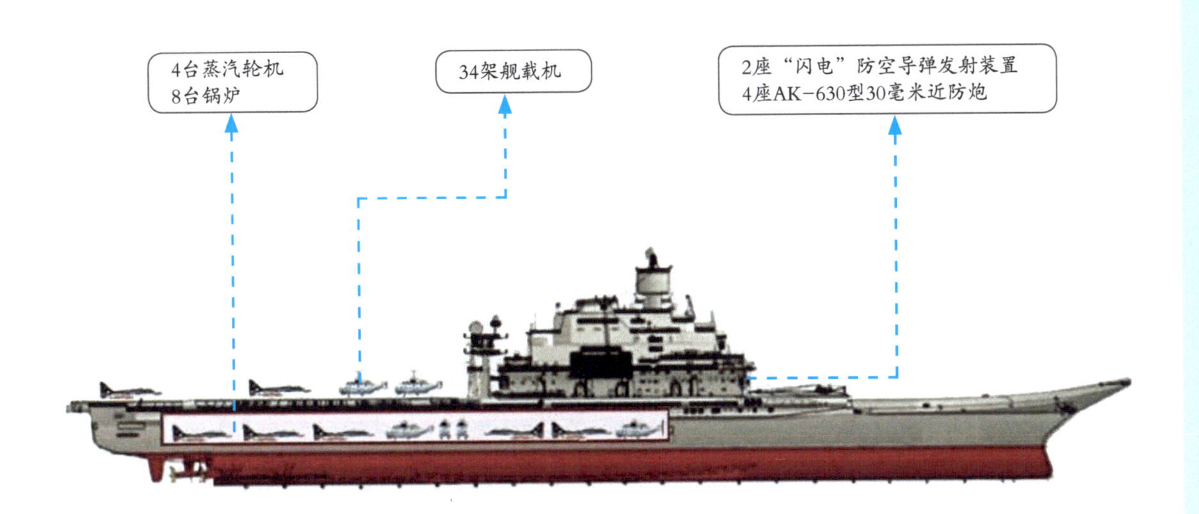

“维兰玛迪雅”（Vikramaditya）号航空母舰原本是苏联/俄罗斯“基辅”级航空母舰的四号舰“戈尔什科夫”号，2004 年售予印度海军，经过改装后于 2013 年 11 月开始服役。该舰的改装重点是将舰艏的武器全部拆除，把它变成滑跃甲板以便米格 -29K 战斗机起飞。斜向甲板加上了 3 条阻拦索，以便米格 -29K 战斗机顺利降落。此外，飞行甲板面积有所增大，舰上原有的动力系统也经过大幅整修。

▲ “维兰玛迪雅”号航空母舰在大洋中航行

▲ “维兰玛迪雅”号航空母舰俯视图

印度“维克兰特”号航空母舰

小档案	
满载排水量：	40000吨
舰　长　：	262米
舰　宽　：	60米
吃水深度：	8.4米
最高航速：	28节

“维克兰特”（Vikrant）号航空母舰是印度自行研制的第一艘航空母舰，舰名是为了纪念印度从英国采购的同名航空母舰。该舰于2009年2月开工建造，2013年8月下水，计划于2019年开始海试，2020～2023年间正式服役。根据各国军工企业发布的公开信息，“维克兰特”号航空母舰的燃气轮机、螺旋桨、升降机，以及相控阵雷达、指挥控制系统、卫星通信、惯性导航、电子对抗等关键部分，都从外国引进。

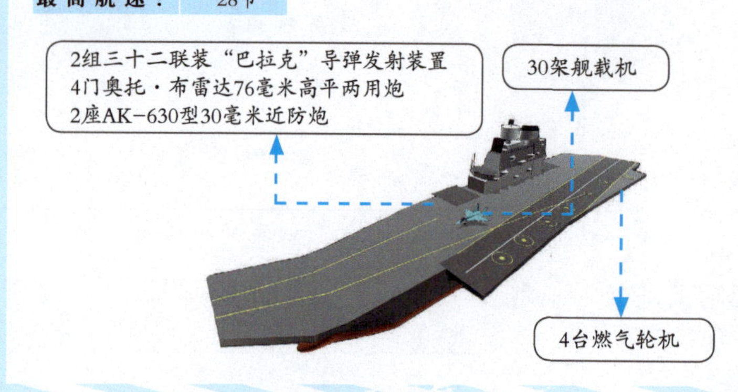

泰国“查克里·纳吕贝特”号航空母舰

小档案	
满载排水量：	11486吨
舰　长　：	182.7米
舰　宽　：	22.5米
吃水深度：	6.1米
最高航速：	27节

“查克里·纳吕贝特”（Chakri Naruebet）号航空母舰是西班牙巴赞造船厂为泰国海军建造的轻型航空母舰，与“阿斯图里亚斯亲王”号的设计相似。该舰于1994年6月12日开工建造，1996年1月20日下水，1997年3月20日移交给泰国海军。随后，在西班牙海军的帮助下，泰国海军在西班牙罗塔基地进行了4个月的舰员培训。1997年8月，“查克里·纳吕贝特”号航空母舰开赴泰国，由泰国自行加装部分武器、作战系统等，最终于1998年正式投入使用。

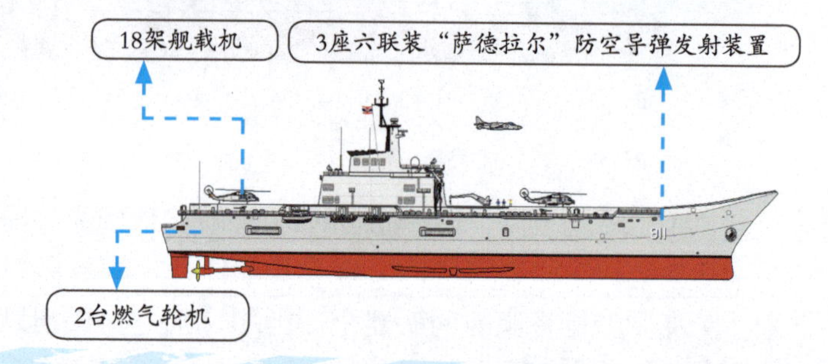

巴西“圣保罗”号航空母舰

小档案	
满载排水量：	32800吨
舰　长　：	265米
舰　宽　：	51.2米
吃水深度：	8.6米
最高航速：	32节

“圣保罗”（Säo Paulo）号航空母舰原是法国“克莱蒙梭”级航空母舰的二号舰“福煦”号，2000年巴西海军购买后将其改名。该舰的飞行甲板分为两个部分：一部分是舰艏的轴向甲板，长90米，设有一部BS5蒸汽弹射器，可供飞机起飞；另一部分是斜角甲板，长163米，宽30米，甲板斜角为8度，设有一部BS5蒸汽弹射器和4道拦阻索，既可供飞机起飞，又可供飞机降落。2017年2月，因舰体老化严重，巴西海军宣布“圣保罗”号退役。

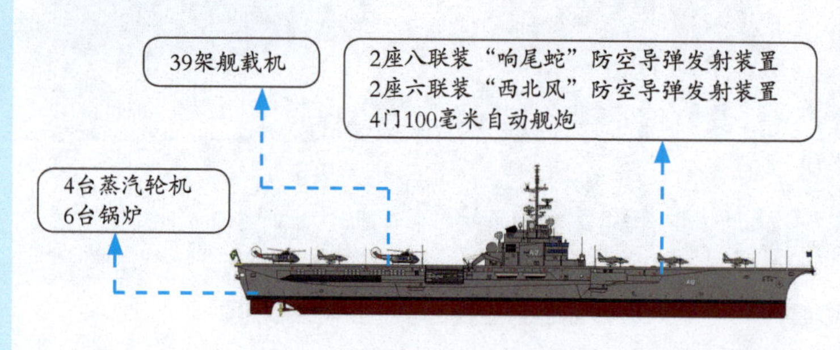

巡洋舰入门

巡洋舰是一种火力强、用途多的大型水面舰艇，装有较强的进攻和防御型武器，具有较高的航速和适航性，能在恶劣气候条件下长时间进行远洋作战。不过，随着时代的发展，如今巡洋舰已经渐渐走向衰落，世界上仅有极少数国家的海军装备巡洋舰。本章主要介绍冷战以来世界各国建造的经典巡洋舰，每种巡洋舰都简明扼要地介绍了其建造背景和作战性能，并有准确的参数表格。

美国“长滩”号巡洋舰

小档案	
满载排水量：	15540吨
舰　　长　：	219.84米
舰　　宽　：	21.79米
吃水深度：	9.32米
最高航速：	30节

“长滩”（Long Beach）号巡洋舰是美国建造的世界上第一艘核动力水面战斗舰艇，在 1961 ~ 1995 年间服役。该舰的动力核心为两座与美国首艘核动力潜艇“鹦鹉螺”号相同的西屋电气公司 C1W 压水反应堆。由于导弹和高科技侦测设备的应用，“长滩”号巡洋舰舍弃了以往巡洋舰必备的重型装甲，仅在弹药库设有一层较薄的装甲。

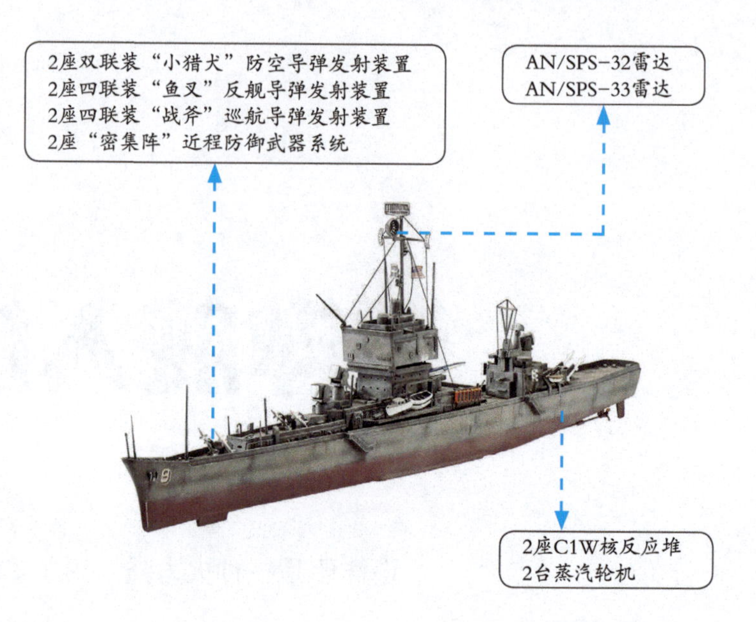

美国“班布里奇”号巡洋舰

小档案	
满载排水量：	8592吨
舰　　长　：	172.3米
舰　　宽　：	17.6米
吃水深度：	7.7米
最高航速：	30节

“班布里奇”（Bainbridge）号巡洋舰是美国于 20 世纪 60 年代初建造的导弹巡洋舰，在 1962 ~ 1996 年间服役。该舰是继“长滩”号巡洋舰、“企业”号航空母舰之后，美国海军第三艘核动力军舰，也是迄今为止世界上最小的核动力水面舰只。“班布里奇”号舰体前部和中部的干舷较高，减小了在风浪中航行时甲板的浸湿性。该舰设有直升机起降平台，但没有机库。

美国“莱希”级巡洋舰

小档案	
满载排水量：	8203吨
舰长：	162.5米
舰宽：	16.6米
吃水深度：	7.6米
最高航速：	32节

“莱希”（Leahy）级巡洋舰是美国于20世纪50年代末开始建造的导弹巡洋舰，一共建造了9艘，在1962～1995年间服役。由于当时普遍认为导弹时代的来临将使火炮走向终点，因此“莱希”级巡洋舰没有配备口径较大的舰炮。为了节省空间，“莱希”级巡洋舰的烟囱与桅杆被整合成一个复合结构。

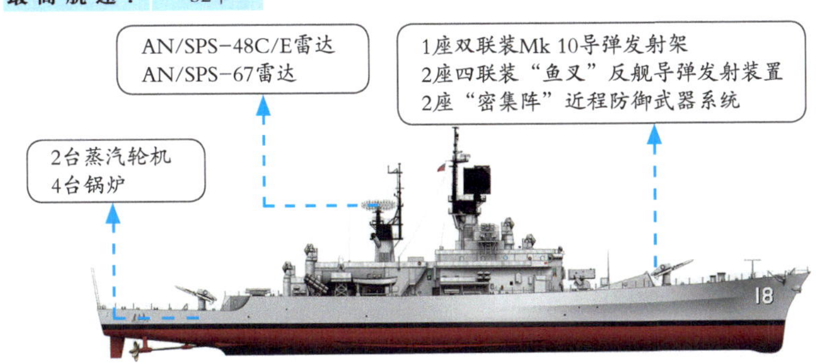

美国“贝尔纳普”级巡洋舰

小档案	
满载排水量：	7930吨
舰长：	167米
舰宽：	17米
吃水深度：	8.8米
最高航速：	32节

“贝尔纳普”（Belknap）级巡洋舰是美国于20世纪60年代建造的导弹巡洋舰，一共建造了9艘，在1964～1995年间服役。该级舰是在“莱希”级巡洋舰的基础上改进而来的，两者在舰体线型、结构、动力装置等方面基本相同，但舰艉安装的武器差别较大。

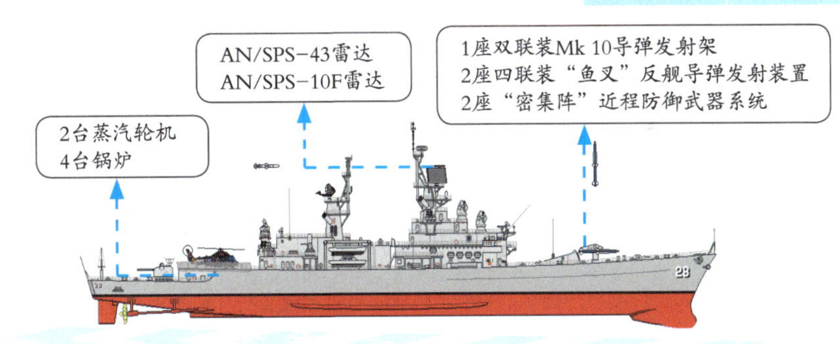

美国“特拉克斯顿”号巡洋舰

小档案	
满载排水量：	8659吨
舰长：	172米
舰宽：	18米
吃水深度：	9.3米
最高航速：	31节

“特拉克斯顿”（Truxtun）号巡洋舰是美国于20世纪60年代建造的核动力导弹巡洋舰，在1967～1995年间服役。该舰属于“贝尔普纳”级常规动力巡洋舰的核动力型，两者的总体布局基本相同。“特拉克斯顿”号巡洋舰的舰体后部干舷较低，岛式上层建筑分为首尾两部分。

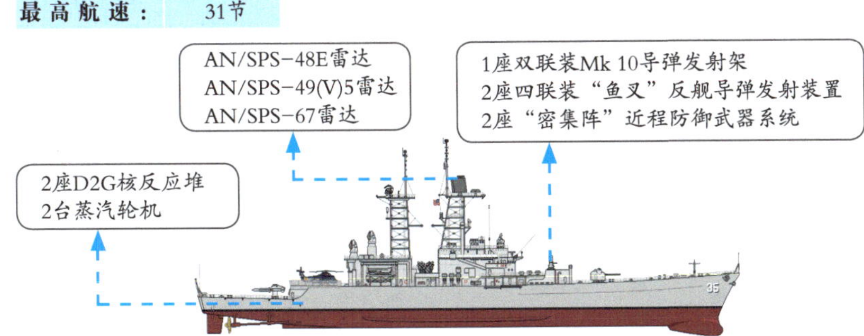

美国“加利福尼亚”级巡洋舰

小档案	
满载排水量：	10800吨
舰　长　：	179米
舰　宽　：	19米
吃水深度：	9.6米
最高航速：	30节

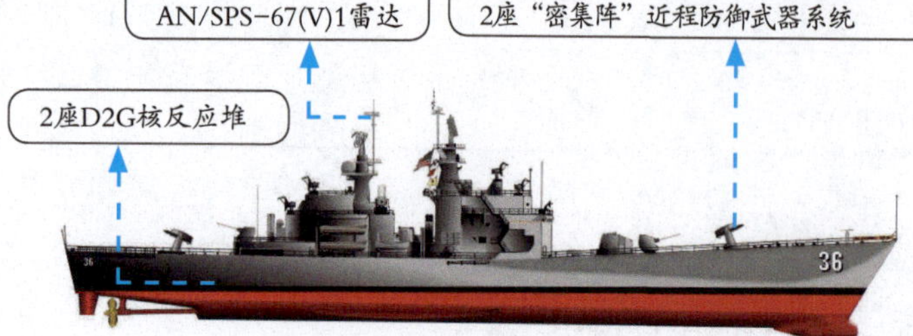

“加利福尼亚”（California）级巡洋舰是美国于20世纪70年代建造的核动力巡洋舰。一共建造了2艘，首舰“加利福尼亚”号于1970年1月开工，1974年2月服役。二号舰“南卡罗来纳”号于1970年12月开工，1975年1月服役。该级舰采用通长甲板，上层建筑分为首尾两部分，相隔较近，中间由一甲板室连接。舰上设有直升机起降平台，但没有机库。90年代初，“加利福尼亚”级巡洋舰进行了改装。90年代末，该级舰全部退役。

美国“弗吉尼亚”级巡洋舰

“弗吉尼亚”（Virginia）级巡洋舰是迄今为止美国海军最后一级核动力巡洋舰，一共建造了4艘，分别为“弗吉尼亚”号、“德克萨斯”号、“密西西比”号和“阿肯色”号。其中“弗吉尼亚号”于1972年动工，1974年下水，1976年开始服役。“弗吉尼亚”级巡洋舰采用高干舷、平甲板舰型，全舰呈细长形状，舰艏较长，舰艉为凸式方艉。自服役以来，“弗吉尼亚”级巡洋舰经过了多次局部性改装。1998年，该级舰全部退出现役。

小档案	
满载排水量：	11666吨
舰　长　：	179米
舰　宽　：	19米
吃水深度：	9.8米
最高航速：	30节

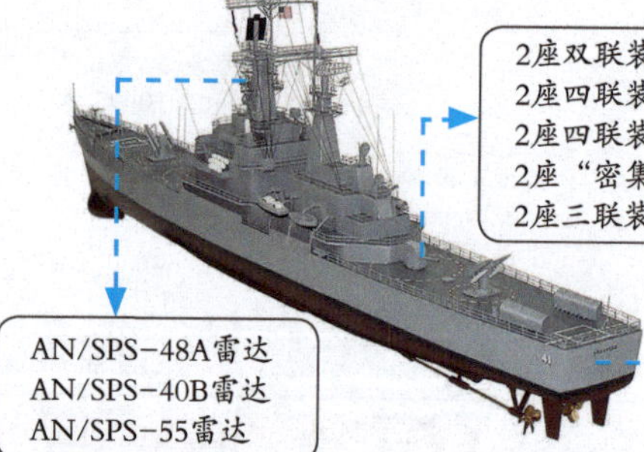

美国“提康德罗加”级巡洋舰

小档案	
满载排水量：	9800吨
舰　长　：	173米
舰　宽　：	16.8米
吃水深度：	10.2米
最高航速：	32.5节

16座八联装Mk 41导弹垂直发射装置
2座四联装“鱼叉”反舰导弹发射器
2座三联装Mk 32鱼雷发射管
2门127毫米Mk 45舰炮

AN/SPY-1A雷达
AN/SPS-49雷达

4台燃气轮机

“提康德罗加”（Ticonderoga）级巡洋舰是美国海军现役唯一一级巡洋舰，配备了“宙斯盾”作战系统。该级舰一共建造了27艘，首舰于1983年1月开始服役，最后一艘于1994年7月开始服役。在美国海军的作战编制上，该级舰是作为航空母舰战斗群与两栖攻击战斗群的主要战情指挥中心，以及为航空母舰或两栖攻击舰提供保护。截至2018年2月，“提康德罗加”级巡洋舰仍有22艘在役。

苏联/俄罗斯 “克里斯塔” Ⅰ级巡洋舰

小档案

满载排水量：	7500吨
舰　长　：	155.6米
舰　宽　：	17米
吃水深度：	6米
最高航速：	34节

“克里斯塔”（Kresta）Ⅰ级巡洋舰是苏联于20世纪60年代建造的导弹巡洋舰，一共建造了4艘，在1967～1994年间服役。该级舰主要用于反舰作战，舰体装甲为焊接钢板，防护能力较为出色。

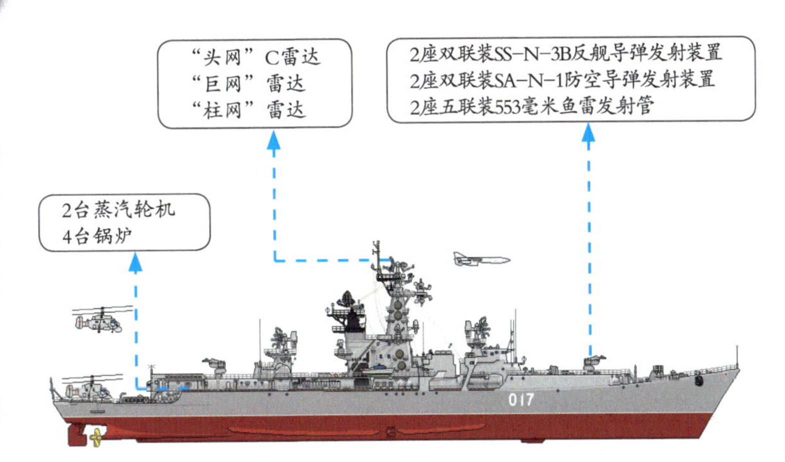

苏联/俄罗斯 “克里斯塔” Ⅱ级巡洋舰

小档案

满载排水量：	7535吨
舰　长　：	159米
舰　宽　：	17米
吃水深度：	6米
最高航速：	34节

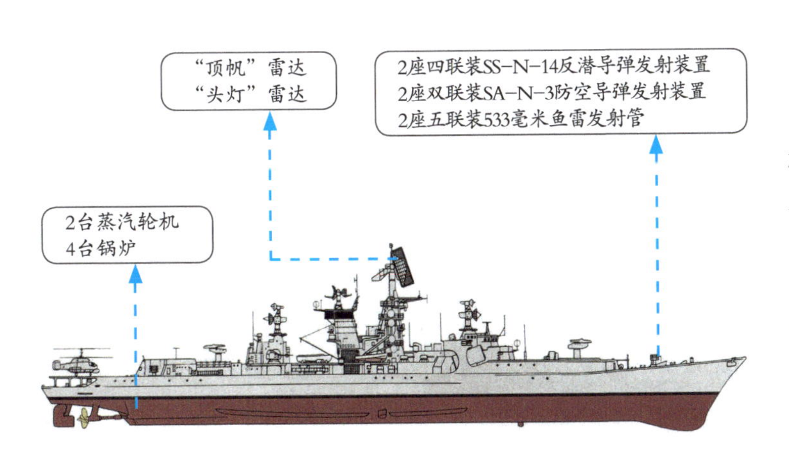

“克里斯塔”（Kresta）Ⅱ级巡洋舰是“克里斯塔”Ⅰ级巡洋舰的反潜改进型，一共建造了10艘，在1968～1993年间服役。该级舰装备SS-N-14“火石”反潜导弹、SA-N-3防空导弹及新的声呐，并设有直升机飞行甲板和机库。

苏联/俄罗斯“金达”级巡洋舰

小档案	
满载排水量：	5500吨
舰长：	141.9米
舰宽：	15.8米
吃水深度：	5.3米
最高航速：	34节

“金达”（Kynda）级巡洋舰是苏联于20世纪60年代建造的导弹巡洋舰，一共建造了4艘，在1962～2002年间服役。该级舰采用长艏楼线型，舰艏尖瘦狭长，艏甲板向末端有小幅上翘，并有轻微外飘，艉部呈圆形。艏楼的长度约占全舰总长的三分之二，并集中了大部分上层建筑。艏楼干舷较高，且于舰桥两侧起至艉楼甲板有明显的折角线。

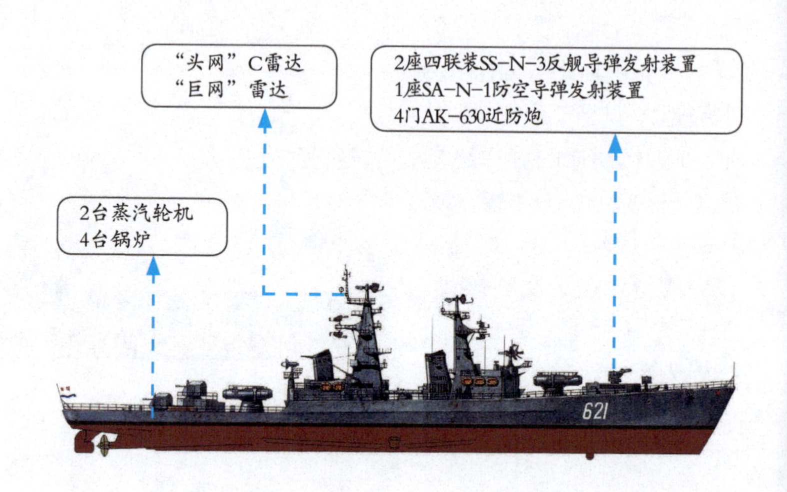

苏联/俄罗斯“卡拉”级巡洋舰

小档案	
满载排水量：	9700吨
舰长：	173.2米
舰宽：	18.6米
吃水深度：	6.7米
最高航速：	34节

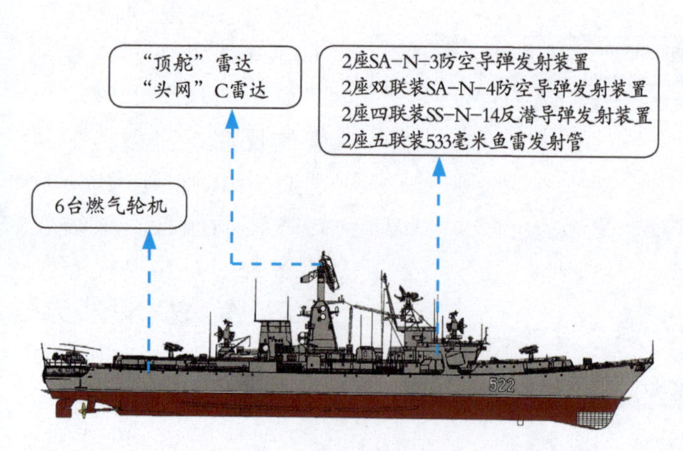

“卡拉”（Kara）级巡洋舰是苏联建造的大型反潜巡洋舰，一共建造了7艘，首舰于1971年开始服役。“卡拉”级巡洋舰由“克列斯塔”Ⅱ级巡洋舰改进而来，为了克服后者舰内容积紧张和上甲板面积不足的缺点，在其舰桥和中部塔桅之间插入了一个约15米长的舰体分段，使其桥楼长度达到“克列斯塔”Ⅱ级巡洋舰的两倍，甲板的宽度也增大了1米。苏联解体后，“卡拉”级巡洋舰在俄罗斯海军持续服役至2014年。

苏联/俄罗斯 “基洛夫”级巡洋舰

小档案

满载排水量：	28000吨
舰　长　：	252米
舰　宽　：	28.5米
吃水深度：	9.1米
最高航速：	32节

“基洛夫”（Kirov）级巡洋舰是苏联于20世纪70年代建造的核动力巡洋舰，一共建造了4艘。首舰“乌沙科夫上将”号于1980年服役，二号舰“拉扎耶夫上将”号于1984年服役，三号舰“纳希莫夫上将”号于1988年服役，四号舰“彼得大帝”号于1996年服役。“基洛夫”级是苏联乃至全世界有史以来尺寸和排水量最大的巡洋舰，满载排水量超过25000吨，比“弗吉尼亚”级巡洋舰的两倍还多。截至2018年2月，“彼得大帝”号仍在俄罗斯海军服役，“纳希莫夫上将”号则在接受现代化改造，其余同级舰已经退役。

▲ “基洛夫”级巡洋舰在大洋中航行

▲ “基洛夫”级巡洋舰侧前方视角

苏联/俄罗斯“光荣”级巡洋舰

小档案

满载排水量：	12500吨
舰　长　：	186.4米
舰　宽　：	20.8米
吃水深度：	8.4米
最高航速：	32节

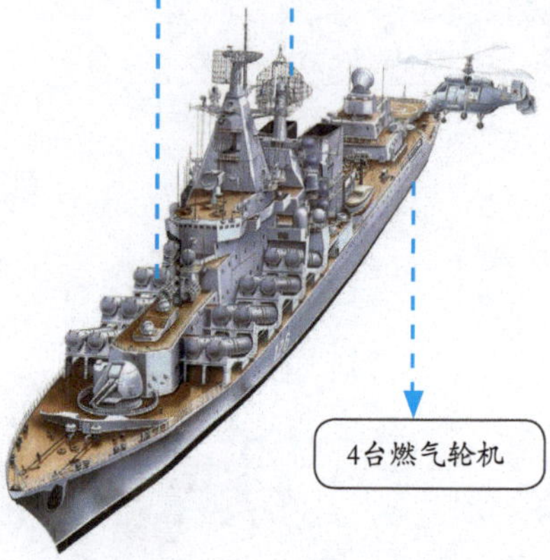

“光荣”级巡洋舰（Slava Class Cruiser）是苏联建造的大型传统动力巡洋舰，一共建造了3艘。首舰“光荣”号于1982年完工，二号舰“乌斯提诺夫元帅”号于1986年完工，三号舰“红色乌克兰”号于1990年完工。“光荣”级巡洋舰的舰体由“卡拉”级巡洋舰的舰体改良而来，为容纳远程反舰导弹、防空导弹等，其舰体比“卡拉”级巡洋舰长14米左右，宽度和吃水深度也略有增加。截至2018年2月，“光荣”级巡洋舰仍全部在役。

8座双联装“玄武岩”反舰导弹发射装置
8座八联装S-300PMU防空导弹发射装置
2座OSA-M防空导弹发射装置
6座“卡什坦”近程防御武器系统

“顶对”雷达
“顶舵”雷达

4台燃气轮机

意大利“安德烈娅·多里亚”级巡洋舰

小档案

满载排水量：	6500吨
舰　长　：	149.3米
舰　宽　：	17.2米
吃水深度：	5米
最高航速：	30节

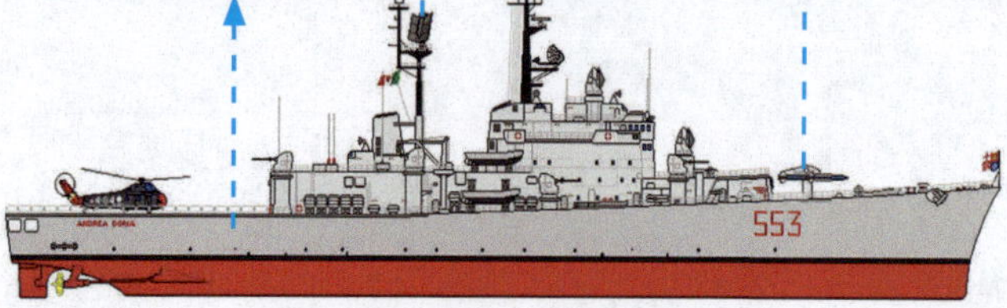

“安德烈娅·多里亚”（Andrea Doria）级巡洋舰是意大利于20世纪50年代建造的导弹巡洋舰，一共建造了2艘，在1964～1992年间服役。该级舰是世界上首批专为反潜直升机设计建造的巡洋舰，艉部设有直升机甲板，可以容纳4架舰载直升机。“安德烈娅·多里亚”级巡洋舰的用途很广，反潜作战由舰载直升机完成，防空任务由远程舰对空导弹系统和舰炮完成，也可作为大型舰队的指挥舰。

AN/SPS-39雷达
AN/SPS-12雷达

1座双联装“小猎犬”防空导弹发射装置
2座三联装324毫米鱼雷发射管
8门76毫米舰炮

2台蒸汽轮机
4台锅炉

第4章

驱逐舰入门

驱逐舰是一种多用途的军舰，装备有防空、反潜、反舰等多种武器，既能在海军舰艇编队中担任进攻性的突击任务，又能承担作战编队的防空、反潜护卫任务，还可在登陆作战中担任支援兵力。本章主要介绍冷战以来世界各国建造的经典驱逐舰，每种驱逐舰都简明扼要地介绍了其建造背景和作战性能，并有准确的参数表格。

美国“米切尔”级驱逐舰

小档案	
满载排水量：	4855吨
舰长：	150米
舰宽：	14.5米
吃水深度：	4.5米
最高航速：	36.5节

“米切尔”（Mitscher）级驱逐舰是美国海军于20世纪50年代研制的以反潜为主要任务的驱逐舰，一共建造了4艘，在1953～1978年间服役。该级舰服役后不久就被派往地中海执行前沿部署，紧接着又在加勒比海参加了多场军事演习。60年代，“米切尔”级被改装为导弹驱逐舰。该级舰没有机库，只有能够停放2架SH-60“海鹰”直升机的飞行甲板。

美国“福雷斯特·谢尔曼”级驱逐舰

小档案	
满载排水量：	4050吨
舰长：	127米
舰宽：	14米
吃水深度：	6.7米
最高航速：	32.5节

“福雷斯特·谢尔曼”（Forrest Sherman）级驱逐舰是美国在20世纪50年代研制的驱逐舰，一共建造了18艘，在1955～1988年间服役。该级舰主要为执行反潜任务而设计，在外形布局上仍与二战末期的“基林”级驱逐舰相似。“福雷斯特·谢尔曼”级驱逐舰的后7艘有所改进，上层建筑全部采用铝合金材料制造。

美国“孔茨”级驱逐舰

小档案	
满载排水量：	5648吨
舰长：	156.2米
舰宽：	16米
吃水深度：	5.4米
最高航速：	32节

“孔茨”（Coontz）级驱逐舰是美国海军于20世纪50年代末开始建造的大型导弹驱逐舰，一共建造了10艘，在1959～1993年间服役。该级舰原本称为“法拉格特”（Farragut）级，前三艘在建造过程中更改了设计，导致进度延后，而原本在建造序列中排名第四的“孔茨”号后来居上，成为美国海军第一艘完工的新型导弹驱逐舰，所以该级舰被美国海军改称为“孔茨”级。

美国“查尔斯·F·亚当斯”级驱逐舰

小 档 案	
满载排水量：	4526吨
舰　长　：	133.2米
舰　宽　：	14.3米
吃水深度：	7.3米
最高航速：	33节

“查尔斯·F·亚当斯”（Charles F. Adams）级驱逐舰是20世纪60～80年代美国海军的主力防空舰种，一共建造了23艘，在1960～1993年间服役。该级舰的外形设计和装备配置等与现代舰艇差异较大，还保有一些二战时代美国驱逐舰的影子。该级舰的上层建筑为铝合金制造，两门127毫米舰炮分别位于舰艏与舰艉，八联装“阿斯洛克”反潜导弹发射器位于舰身中段、两根老式圆柱状烟囱之间。

美国“斯普鲁恩斯”级驱逐舰

“斯普鲁恩斯”（Spruance）级驱逐舰是美国于20世纪70年代建造的导弹驱逐舰，一共建造了31艘，在1975～2005年间服役。“斯普鲁恩斯”级曾是美国海军主力驱逐舰，用以替换二战遗留的大量“艾伦·萨姆纳”级和“基林”级驱逐舰。该级舰是美国海军首次采用模块化设计建造的大型舰队驱逐舰，也是第一种采用全燃气轮机推进的大型舰艇。

小 档 案	
满载排水量：	8040吨
舰　长　：	171.6米
舰　宽　：	16.76米
吃水深度：	5.79米
最高航速：	33节

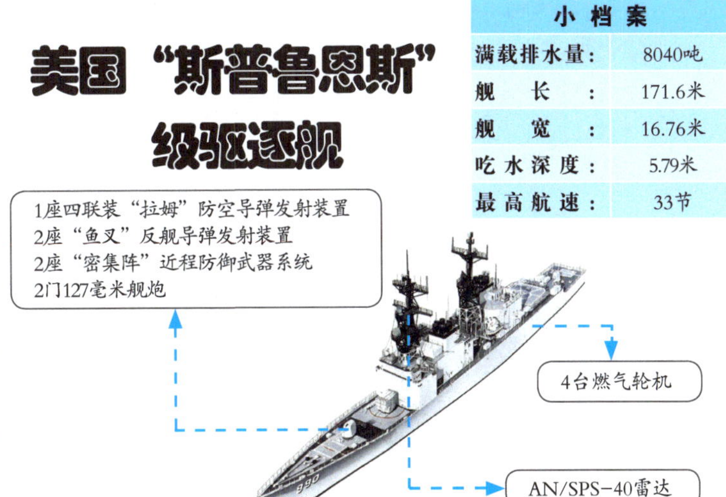

美国“基德”级驱逐舰

小 档 案	
满载排水量：	9783吨
舰　长　：	171.6米
舰　宽　：	16.8米
吃水深度：	9.6米
最高航速：	33节

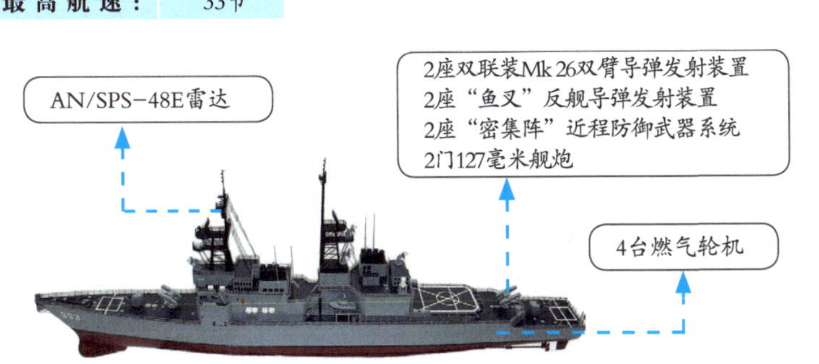

“基德”（Kidd）级驱逐舰是美国于20世纪70年代开始建造的导弹驱逐舰，一共建造了4艘，在1981～1997年间服役。该级舰具有“斯普鲁恩斯”级驱逐舰的某些外形特征，同时还混合了“弗吉尼亚”级巡洋舰的作战系统。“基德”级驱逐舰在舰体两侧与一些重要部位增加“凯夫拉”装甲或铝质装甲，因此排水量比“斯普鲁恩斯”级驱逐舰更大。

美国“阿利·伯克”级驱逐舰

小档案

满载排水量：	9217吨
舰　长　：	156.5米
舰　宽　：	20.4米
吃水深度：	6.1米
最高航速：	30节

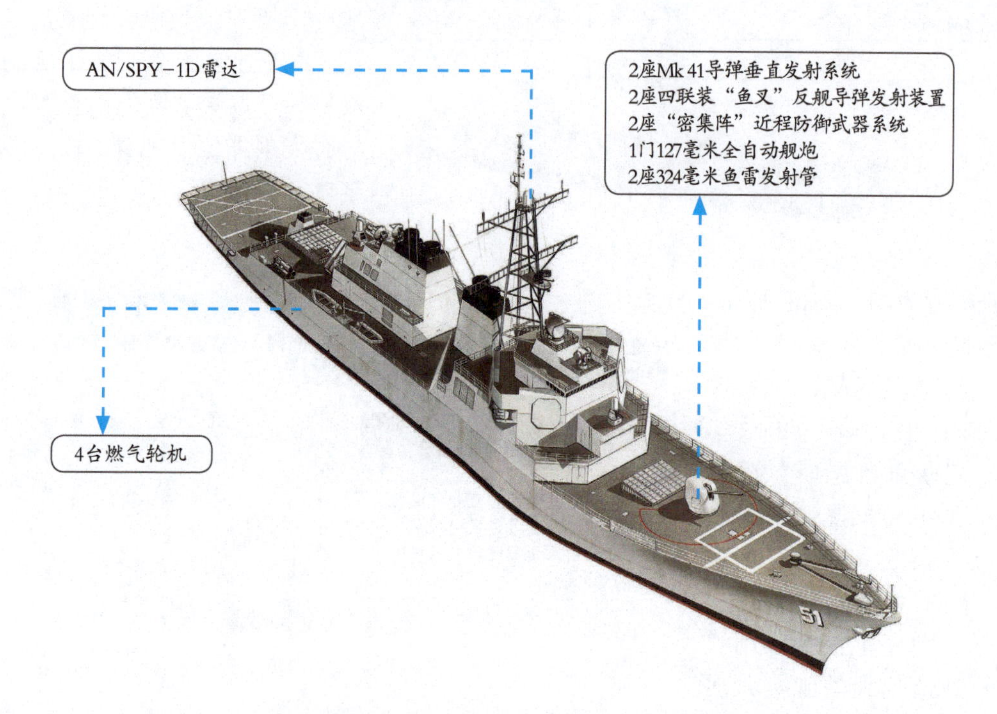

“阿利·伯克”（Arleigh Burke）级驱逐舰是世界上第一种装备“宙斯盾”系统并全面采用隐形设计的驱逐舰，一共建造了65艘，从1991年服役至今。该级舰一改驱逐舰传统的瘦长舰体，采用了一种少见的宽短线型。这种线型具有极佳的适航性、抗风浪稳性和机动性，能在恶劣海况下保持高速航行。“阿利·伯克”级的舰载武器、电子装备高度智能化，具有对陆、对海、对空和反潜的全面作战能力，综合战斗力在世界现役驱逐舰中名列前茅。

▲“阿利·伯克”级驱逐舰正前方视角

▲“阿利·伯克”级驱逐舰在大洋中航行

美国"朱姆沃尔特"级驱逐舰

小档案

满载排水量：	14564吨
舰　长　：	183米
舰　宽　：	24.1米
吃水深度：	8.4米
最高航速：	30.3节

"朱姆沃尔特"（Zumwalt）级驱逐舰是美国正在建造的最新一级驱逐舰，计划建造3艘，首舰于2011年11月开工，2016年10月服役。该级舰的单艘造价高达75亿美元（超过"尼米兹"级航空母舰），其舰体设计、电机动力、网络通信、侦测导航、武器系统等方面无一不是全新研发的尖端科技结晶，充分展现了美国海军的科技实力、雄厚财力以及颇具前瞻性的设计思想。

▲ "朱姆沃尔特"级驱逐舰右舷视角

▲ "朱姆沃尔特"级驱逐舰在大洋中航行

苏联/俄罗斯“卡辛”级驱逐舰

小 档 案

满载排水量：	4390吨
舰　长　：	144米
舰　宽　：	15.8米
吃水深度：	4.6米
最高航速：	33节

“卡辛”（Kashin）级驱逐舰是苏联海军第一种专门设计的装备防空导弹的驱逐舰，一共建造了25艘，1962年开始服役，截至2018年2月仍有1艘在俄罗斯海军服役。该级舰采用双轴对称布局，全甲板上层建筑贯穿整个舰长的四分之三。低矮的直升机起降平台位于后甲板。

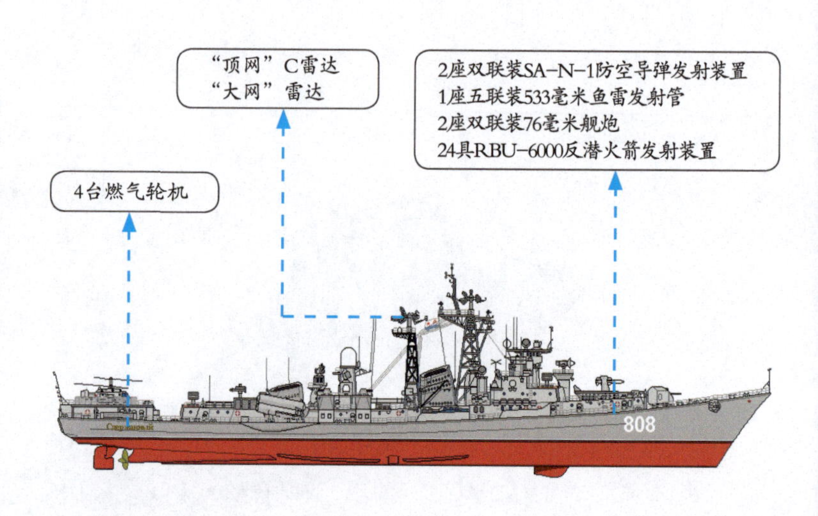

苏联/俄罗斯“科特林”级驱逐舰

小 档 案

满载排水量：	3230吨
舰　长　：	126.1米
舰　宽　：	12.7米
吃水深度：	4.2米
最高航速：	38节

2台蒸汽轮机

2座双联装130毫米舰炮
4座四联装45毫米防空速射炮
2座五联装533毫米鱼雷发射管

“顶网”C雷达

“科特林”（Kotlin）级驱逐舰是苏联于20世纪50年代建造的驱逐舰，一共建造了27艘，包括6艘基本型、12艘反潜型、1艘试验防空型和8艘防空型。首舰于1953年3月开工，1953年11月下水，1956年6月开始服役。服役期间，随着新型舰载武器的不断成熟以及执行任务的多样化需要，大部分“科特林”级驱逐舰进行了现代化改装。90年代初，“科特林”级驱逐舰退出现役。

苏联/俄罗斯“基尔丁”级驱逐舰

小 档 案

满载排水量：	3230吨
舰　长　：	126.1米
舰　宽　：	12.7米
吃水深度：	4.2米
最高航速：	38节

“基尔丁”（Kildin）级驱逐舰是苏联于20世纪50年代建造的导弹驱逐舰，一共建造了4艘，首舰于1953年12月开工，1958年6月服役。该级舰是在“科特林”级驱逐舰的基础上改进而来，拆除了舰艉主炮、副炮和鱼雷发射管，变为一座SS-N-1“扫帚”反舰导弹发射架和能储存6枚导弹的弹库。70年代有3艘“基尔丁”级驱逐舰进行了现代化改装。

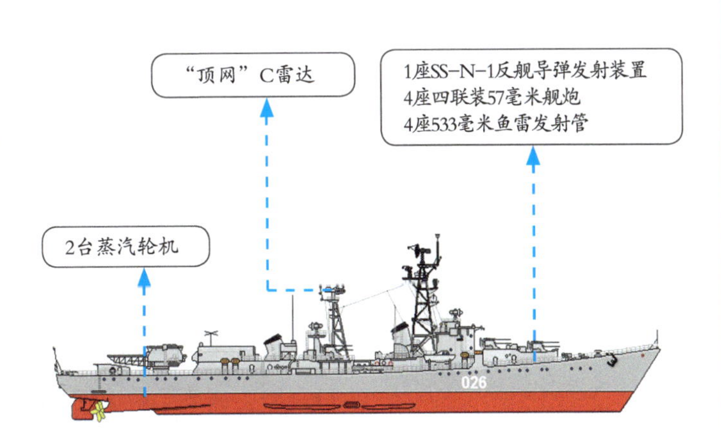

苏联/俄罗斯“克鲁普尼”级驱逐舰

小 档 案

满载排水量：	4500吨
舰　长　：	126.1米
舰　宽　：	12.7米
吃水深度：	4.2米
最高航速：	34.5节

“顶网”C雷达

1座双联装SA-N-1防空导弹发射装置
2座四联装57毫米高平两用炮
2座五联装533毫米鱼雷发射管

2台蒸汽轮机

“克鲁普尼”（Krupny）级驱逐舰是苏联在“科特林”级和“基尔丁”级驱逐舰基础上改进而来的导弹驱逐舰，一共建造了8艘。首舰于1958年2月开工，1960年6月服役。该级舰在20世纪60年代是苏联一支活跃的战斗值勤力量，但其反舰导弹性能落后，防空能力匮乏。60年代末，苏联对全部“克鲁普尼”级驱逐舰进行了改装，由于改动太大，使北约误认为是一款新型军舰。

苏联/俄罗斯“现代”级驱逐舰

小档案

满载排水量：	8480吨
舰　长　：	156.4米
舰　宽　：	17.2米
吃水深度：	7.8米
最高航速：	32.7节

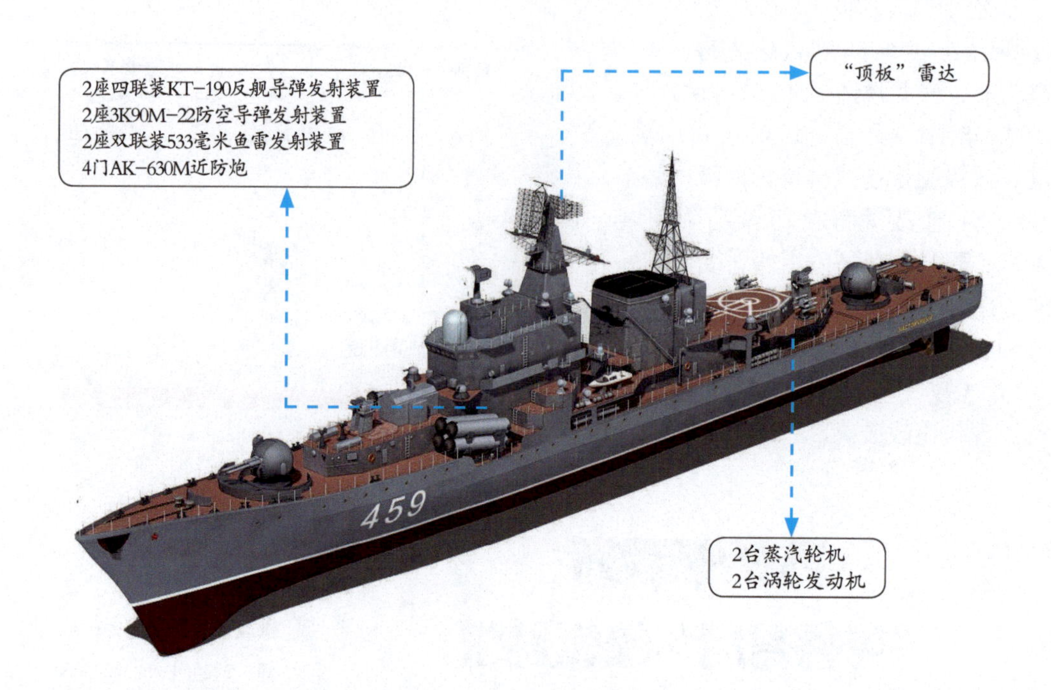

“现代”（Sovremenny）级驱逐舰是苏联建造的大型导弹驱逐舰，主要担任反舰任务，一共建造了 17 艘，从 1985 年服役至今。该级舰的外形较为饱满，上层建筑分为首尾两部分。舰体前方配有一座防空导弹发射架，两侧各有一座四联装反舰导弹发射筒。后部分建筑为烟囱，烟囱后面设有飞行甲板，可起降舰载直升机。

▲ “现代”级驱逐舰左舷视角

▲ “现代”级驱逐舰在大洋中航行

小档案	
满载排水量：	7570吨
舰　长　：	163.5米
舰　宽　：	19.3米
吃水深度：	7.79米
最高航速：	30节

苏联/俄罗斯“无畏”级驱逐舰

“无畏”（Udaloy）级驱逐舰是俄罗斯海军现役的主力驱逐舰之一，一共建造了12艘，从1980年服役至今。该级舰借鉴了西方国家的设计思想，改变了以往缺乏整体思路、临时堆砌设备的做法，使舰体外形显得整洁利落。全舰结构趋于紧凑，布局简明，主要的防空、反潜装备集中于舰体前部，中部为电子设备，后部为直升机平台，整体感很强。

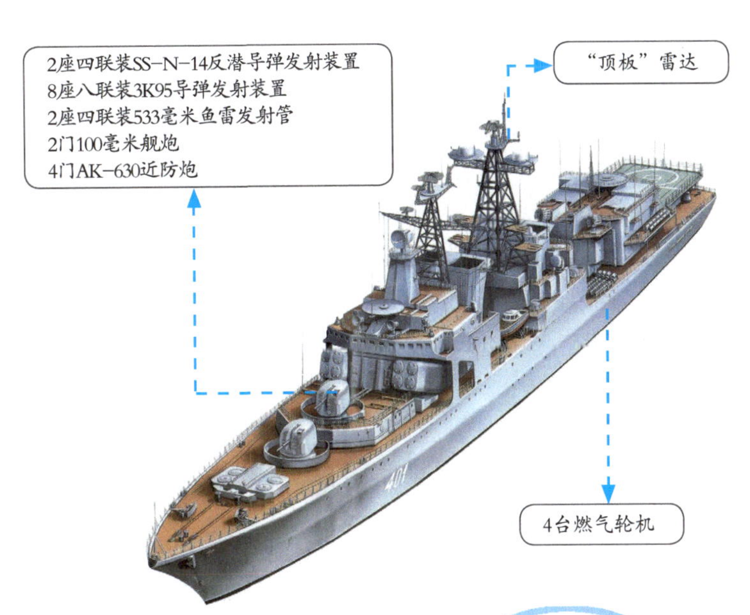

苏联/俄罗斯“无畏”Ⅱ级驱逐舰

小档案	
满载排水量：	8900吨
舰　长　：	163.5米
舰　宽　：	19.3米
吃水深度：	7.5米
最高航速：	30节

“顶板”雷达

8座八联装SA-N-9导弹垂直发射装置
2座四联装SS-N-22反舰导弹发射装置
2座“卡什坦”近程防御武器系统
1座双联装AK-130高平两用炮

4台燃气轮机

“无畏”（Udaloy）Ⅱ级驱逐舰是苏联解体前开工的最后一级驱逐舰，最终仅有“恰巴年科”号建成，并于1999年进入俄罗斯海军服役。“无畏”Ⅱ级驱逐舰是在“无畏”级驱逐舰的基础上改进而来，在舰型等方面基本沿用了“无畏”级驱逐舰，外观上差别不是很大，最主要的变化还是武器装备的配置方面。

英国“郡”级驱逐舰

小档案

满载排水量：	6800吨
舰长：	157.96米
舰宽：	16.4米
吃水深度：	6.4米
最高航速：	31.5节

“郡”（County）级驱逐舰是英国在二战后设计的第一种驱逐舰，一共建造了 8 艘，前四艘和后四艘的设计区别较大。首舰于 1959 年 3 月开工，1962 年 11 月服役。“郡”级驱逐舰是英国第一种配备导弹、第一种拥有区域防空能力、第一种可以起降直升机的驱逐舰。20 世纪 80 年代，后四艘“郡”级驱逐舰被售予智利海军。1998 年，“郡”级驱逐舰从英国海军退役。

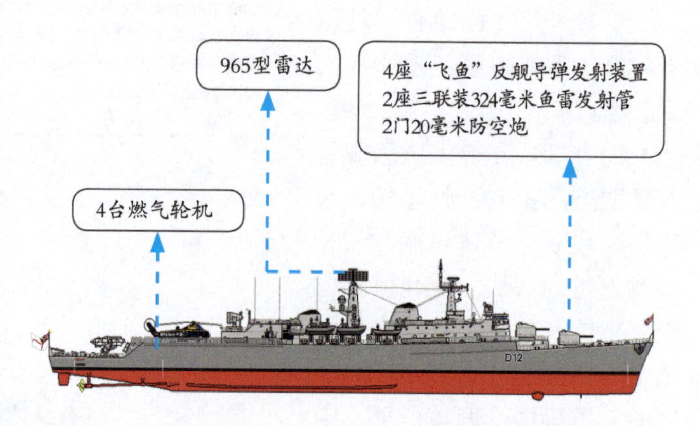

英国“谢菲尔德”级驱逐舰

小档案

满载排水量：	5350吨
舰长：	141.1米
舰宽：	14.9米
吃水深度：	5.8米
最高航速：	30节

1022型雷达
996型雷达

1座双联装“海标枪”防空导弹发射装置
2座“密集阵”近程防御武器系统
1门113毫米舰炮
2座三联装324毫米鱼雷发射管

4台燃气轮机

“谢菲尔德”（Sheffield）级驱逐舰是英国于 20 世纪 70 年代开始建造的导弹驱逐舰，也称为 42 型驱逐舰，一共建造了 16 艘，1975 ~ 2013 年间在英国海军服役。该级舰的主船体划分为 18 个水密舱段，舰内设两层连续甲板。上层建筑分为间断的前后两部分。舰艇设有飞行甲板，可搭载一架直升机。主船体与上层建筑采用钢质结构，船体采用纵骨架式结构。重要部位选用 A 级高强度钢，其他部位选用 B 级钢。

英国“勇敢”级驱逐舰

小档案

满载排水量：	7350吨
舰　　长　：	152.4米
舰　　宽　：	21.2米
吃 水 深 度：	5米
最 高 航 速：	27节

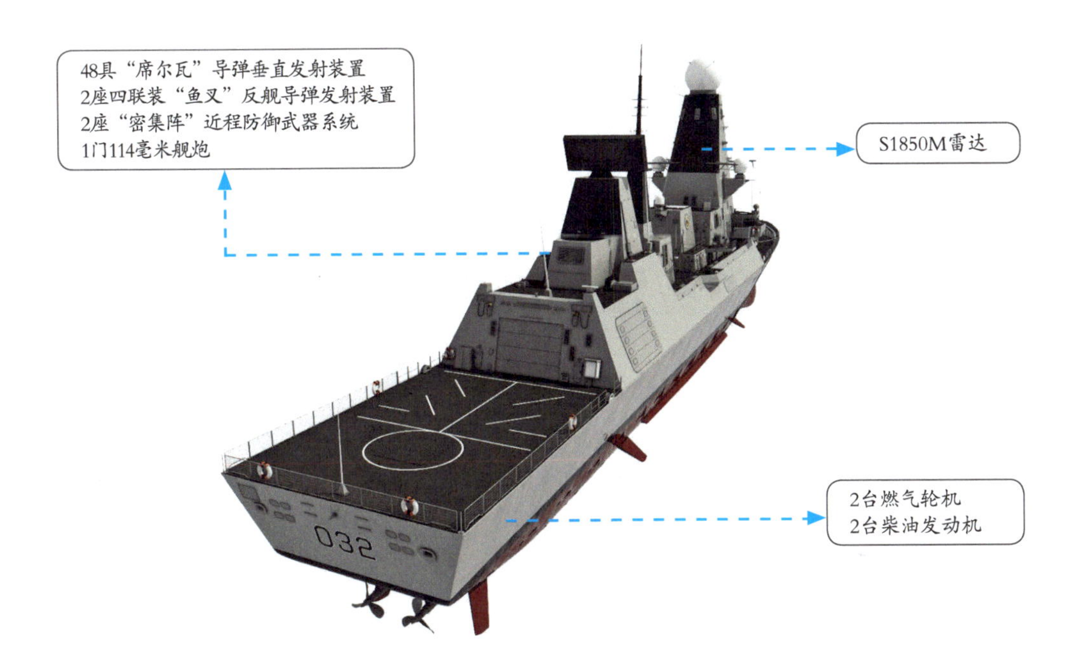

“勇敢”（Daring）级驱逐舰又称为 45 型驱逐舰，一共建造了 6 艘，首舰于 2009 年 7 月开始服役，六号舰于 2013 年 9 月开始服役。该级舰采用模块化建造方式，不仅减少了建造时间与成本，未来进行维修、改良也十分便利。“勇敢”级驱逐舰在设计上力求周全，拥有足够的预留空间，可确保其在寿命周期内进行性能提升时不需要大幅修改舰体结构。

▲ “勇敢”级驱逐舰在大洋中航行

▲ “勇敢”级驱逐舰右舷视角

法国“乔治·莱格”级驱逐舰

小档案	
满载排水量：	4350吨
舰长：	139米
舰宽：	14米
吃水深度：	5.5米
最高航速：	30节

“乔治·莱格”(Georges Leygues)级驱逐舰是法国建造的反潜驱逐舰，又称为F70型驱逐舰，一共建造了7艘。首舰于1974年9月开工，1979年12月服役。该级舰是法国海军第一种采用燃气轮机的水面舰艇，续航能力尤为突出，足以伴随航空母舰进行远洋作业。截至2018年2月，“乔治·莱格”级驱逐舰仍有4艘在役。

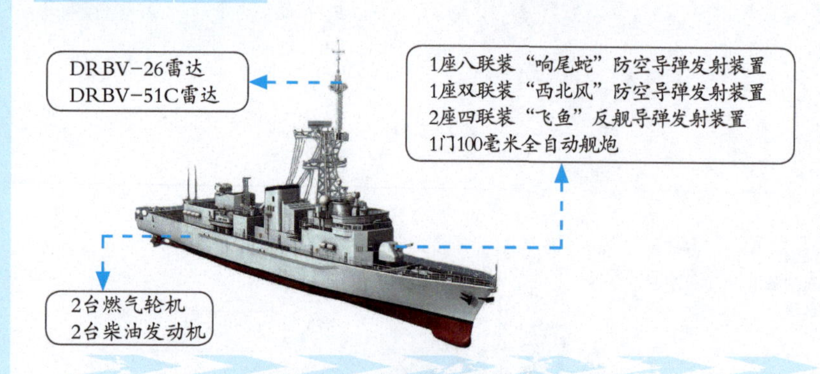

法国“卡萨尔”级驱逐舰

“卡萨尔”(Cassard)级驱逐舰是法国在“乔治·莱格”级驱逐舰基础上改进而来的防空型驱逐舰，一共建造了2艘。首舰“卡萨尔”号于1982年9月开工建造，1988年7月开始服役。二号舰“让·巴特”号于1986年3月开工建造，1991年9月开始服役。在“地平线”级驱逐舰正式加入法国海军服役之前，“卡萨尔”级驱逐舰一直是法国海军最倚重的防空舰艇。

小档案	
满载排水量：	4700吨
舰长：	139米
舰宽：	14米
吃水深度：	6.5米
最高航速：	29.5节

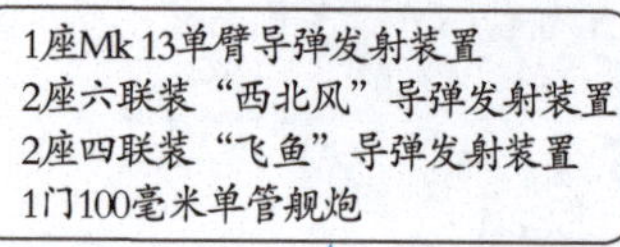

法国/意大利“地平线”级驱逐舰

小档案	
满载排水量：	7050吨
舰长：	151.6米
舰宽：	20.3米
吃水深度：	4.8米
最高航速：	29节

“地平线”(Horizon)级驱逐舰是法国和意大利联合设计建造的新型防空驱逐舰，一共建造了4艘，两国海军各装备2艘。法国海军的“福尔班”号和“骑士保罗”号分别于2008年12月和2009年6月开始服役，意大利海军的“安多利亚·多利亚”号和“卡欧·迪里奥”号分别于2007年12月和2009年4月开始服役。“地平线”级驱逐舰有着浓郁的法国特色，舰上采用的海军战术情报处理系统、近程防御系统等均是法国自主研制。

澳大利亚“霍巴特”级驱逐舰

小档案	
满载排水量：	7000吨
舰　　长　：	147.2米
舰　　宽　：	18.6米
吃水深度：	5.17米
最高航速：	28节

AN/SPQ-9雷达

2台燃气轮机
2台柴油发动机

48管Mk 41导弹垂直发射装置
2座四联装“鱼叉”反舰导弹发射装置
2座双联装324毫米鱼雷发射管
1座“密集阵”近程防御武器系统
1门127毫米舰炮

“霍巴特”（Hobart）级驱逐舰是西班牙纳万蒂亚公司为澳大利亚海军建造的驱逐舰，由“阿尔瓦罗·巴赞”级护卫舰改进而来，配备了美制“宙斯盾”作战系统。该级舰计划建造3艘，首舰“霍巴特”号于2012年9月开工建造，2017年9月开始服役。二号舰“布里斯班”号于2014年2月开工建造，计划2018年开始服役。三号舰“悉尼”号于2015年11月开工建造，计划2019年开始服役。

日本“初雪”级驱逐舰

“初雪”（Hatsuyuki）级驱逐舰是日本于20世纪70年代末建造的多用途驱逐舰，一共建造了12艘，从1982年服役至今。该级舰采用单桅结构，四脚网架式桅杆较高，顶置弧面形雷达天线，艏楼顶部有金属塔形基座，上置球形雷达天线。“初雪”级驱逐舰的上层建筑尺寸大，前7艘采用轻质合金制造，后5艘采用钢材制造。

小档案	
满载排水量：	3800吨
舰　　长　：	130米
舰　　宽　：	13.6米
吃水深度：	4.2米
最高航速：	30节

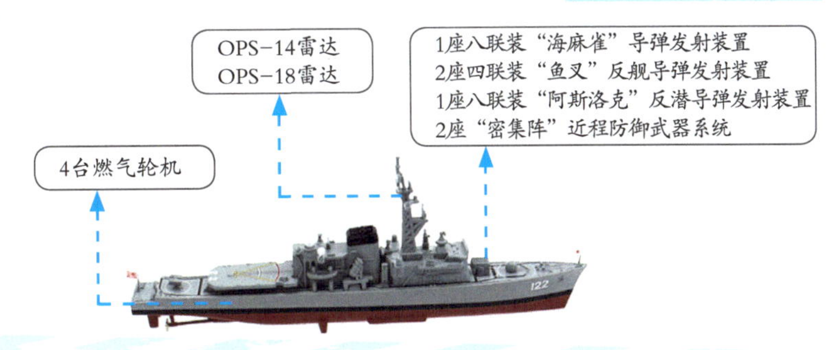

日本“朝雾”级驱逐舰

小档案	
满载排水量：	4900吨
舰　　长　：	137米
舰　　宽　：	14.6米
吃水深度：	4.5米
最高航速：	30节

“朝雾”（Asagiri）级驱逐舰是日本在20世纪80年代中期开始建造的反潜型驱逐舰，一共建造了8艘，从1988年服役至今。该级舰采用飞剪形舰艏，增强了耐波性并提高了航行速度。由于电子装备增加，桅杆由“初雪”级驱逐舰的一座变为两座。“朝雾”级驱逐舰的烟囱也由一变二，以确保马力增大后的排烟顺畅，也可防止红外线过于集中。

日本“村雨”级驱逐舰

小 档 案	
满载排水量：	6100吨
舰 长 ：	151米
舰 宽 ：	17.4米
吃 水 深 度：	5.3米
最 高 航 速：	30节

16具“海麻雀”防空导弹发射装置
16具“阿斯洛克”反潜导弹发射装置
2座四联装“鱼叉”反舰导弹发射装置
2座“密集阵”近程防御武器系统
1门76毫米舰炮

OPS-24雷达

4台燃气轮机

“村雨”（Murasame）级驱逐舰是日本海上自卫队继“朝雾”级驱逐舰后的第三代反潜型驱逐舰，一共建造了9艘，从1996年服役至今。“村雨”级驱逐舰的外观与“金刚”级驱逐舰类似，上层建筑向内倾斜，两者的主要区别是：前甲板主炮为76毫米舰炮，炮塔浑圆；四脚网架桅杆塔，底部有平板状三坐标天线；机库顶部平坦，而“金刚”级机库后方呈阶梯状。

日本“高波”级驱逐舰

“高波”（Takanami）级驱逐舰是“村雨”级驱逐舰的后继型和全面升级版，一共建造了5艘，从2003年服役至今。该级舰的整体布局及大部分装备都与“村雨”级驱逐舰相同，但改进之处也不少。“高波”级驱逐舰前甲板的导弹垂直发射系统单元数增加了1倍，因此舰体内的主要横隔舱壁也改动了位置。全舰还重新划分了水密区域。

小 档 案	
满载排水量：	6300吨
舰 长 ：	151米
舰 宽 ：	17.4米
吃 水 深 度：	5.3米
最 高 航 速：	30节

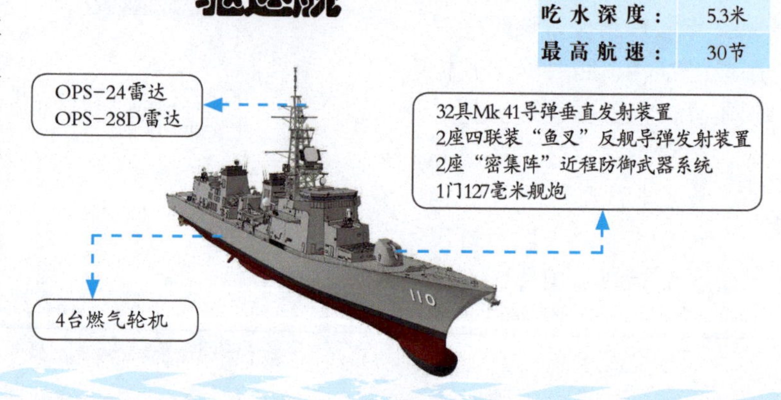

日本“秋月”级驱逐舰

小 档 案	
满载排水量：	6800吨
舰 长 ：	150.5米
舰 宽 ：	18.3米
吃 水 深 度：	5.3米
最 高 航 速：	30节

32具Mk 41导弹垂直发射装置
2座四联装90式反舰导弹发射装置
2座“密集阵”近程防御武器系统
2座三联装324毫米鱼雷发射管
1门127毫米舰炮

FCS-3A雷达

4台燃气轮机

“秋月”（Akizuki）级驱逐舰是日本设计建造的以反潜为主的多用途驱逐舰，一共建造了4艘，从2012年服役至今。由于“秋月”级驱逐舰装备了FCS-3A多功能雷达，并且采用隐形桅杆，外形较日本以往的驱逐舰有较大改观，但舰体是在“高波”级驱逐舰的基础上设计的，基本上沿用了“高波”级的配置，并没有大的变化。

日本“旗风”级驱逐舰

小 档 案

满载排水量：	5900吨
舰　长　：	150米
舰　宽　：	16.4米
吃 水 深 度：	4.8米
最 高 航 速：	30节

“旗风”（Hatakaze）级驱逐舰是日本第一种使用燃气轮机作为动力的军舰，一共建造了2艘，从1986年服役至今。“旗风”级驱逐舰的隔断式上层甲板位于舰艏后方，贯通式主甲板由舰艏延伸至舰艉。中央上层建筑与其后缘顶部的框架式主桅上装有方形SPS-52C对空搜索雷达，窄小的隔断式上层建筑位于主桅后方。略倾的单烟囱装有黑色顶罩，位于舰体中部后方。

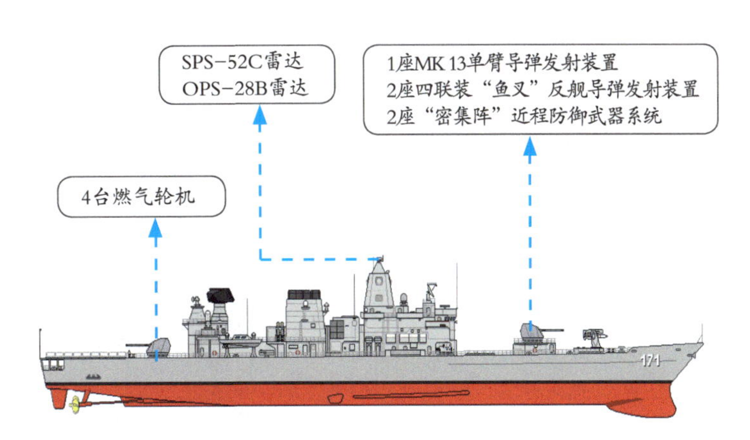

日本“金刚”级驱逐舰

小 档 案

满载排水量：	9485吨
舰　长　：	161米
舰　宽　：	21米
吃 水 深 度：	6.2米
最 高 航 速：	30节

2座Mk 41导弹垂直发射装置
2座四联装“鱼叉”反舰导弹发射装置
2座“密集阵”近程防御系统
2座三联装324毫米鱼雷发射管

AN/SPY-1D雷达
OPS-28D雷达

4台燃气轮机

“金刚”（Kongō）级驱逐舰是日本第一种装备“宙斯盾”防空系统的驱逐舰，一共建造了4艘，从1993年服役至今。“金刚”级驱逐舰的主要技术都是从美国引进的，总体的布局和重要装备的配置基本上与“阿利·伯克”级驱逐舰相似，但也做了一些变动和发展。“金刚”级的舰型为高干舷的平甲板型，改用了垂直的较笨重的桁架桅，在一定程度上破坏了“阿利·伯克”级的雷达隐身性设计。

日本“爱宕”级驱逐舰

小档案

满载排水量：	10000吨
舰长：	165米
舰宽：	21米
吃水深度：	6.2米
最高航速：	30节

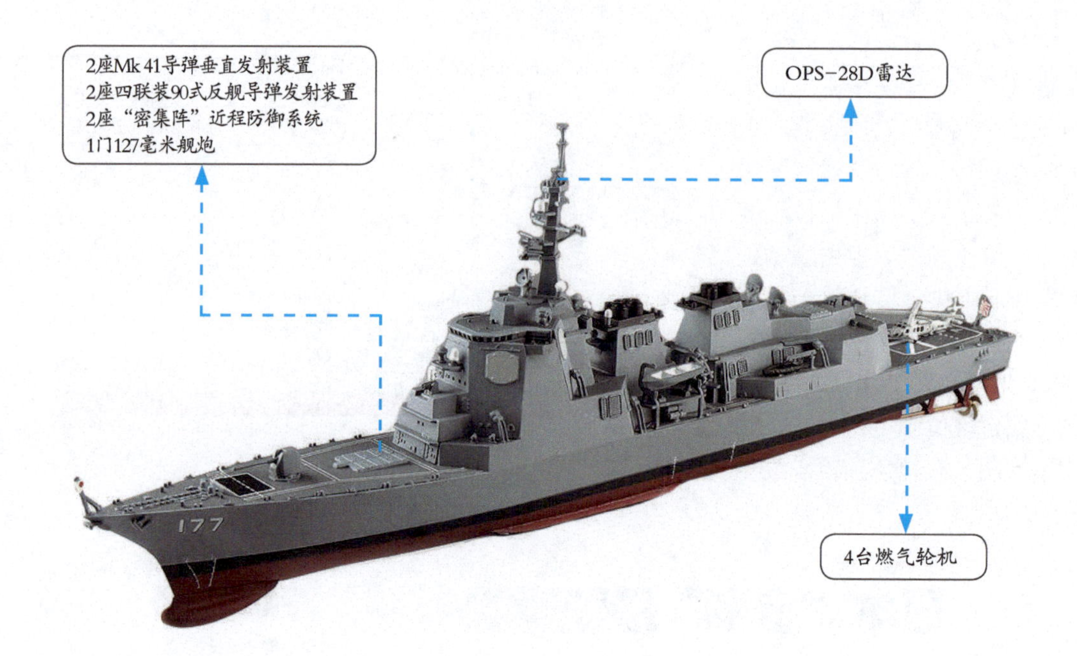

“爱宕”（Atago）级驱逐舰是日本现役最新型的“宙斯盾”驱逐舰，一共建造了2艘，从2007年服役至今。该级舰采用了流行的长艏楼、高平甲板、小长宽比、高干舷、方艉设计，舰艏高大尖瘦，前倾明显，舰体横向剖面为深V形，舰体宽大且明显外飘。这种舰型有利于增加舰体内部空间，并增强舰艇在高速航行时的稳定性，从而使军舰具有更好的适航性、稳定性和机动性。

▲ “爱宕”级驱逐舰在大洋中航行

▲ “爱宕”级驱逐舰俯视图

韩国“广开土大王”级驱逐舰

小 档 案	
满载排水量：	3900吨
舰　长　：	135.4米
舰　宽　：	14.2米
吃 水 深 度：	4.2米
最 高 航 速：	30节

AN/SPS−49雷达

1座十六联装“海麻雀”防空导弹发射装置
2座四联装“鱼叉”反舰导弹发射装置
2座“守门员”近程防御武器系统
1门127毫米舰炮

2台燃气轮机
2台柴油发动机

“广开土大王”（Gwanggaeto the Great）级驱逐舰是韩国自行设计建造的第一种驱逐舰，一共建造了3艘，从1998年服役至今。该级舰大量采用了欧洲与美国船舰使用的科技与装备，其中又以欧洲装备居多。动力系统方面，采用现代西方舰船常见的复合燃气涡轮与柴油机（CODOG）系统。舰体设计方面，拥有核生化防护能力，但是舰体造型并未大量考虑雷达隐身设计。

韩国“忠武公李舜臣”级驱逐舰

“忠武公李舜臣”（Chungmugong Yi Sun−shin）级驱逐舰是韩国海军自行设计建造的第二种驱逐舰，一共建造了6艘，从2003年服役至今。该级舰是韩国第一种引进隐身技术的舰艇，上层结构较“广开土大王”级驱逐舰更简洁，并且往内倾斜10度。此外，格子桅也被舍弃，代之以隐身性较佳的塔状合金主桅，但舰上还是有许多林立的装备、天线、栏杆等。

小 档 案	
满载排水量：	5500吨
舰　长　：	150米
舰　宽　：	17米
吃 水 深 度：	5米
最 高 航 速：	29节

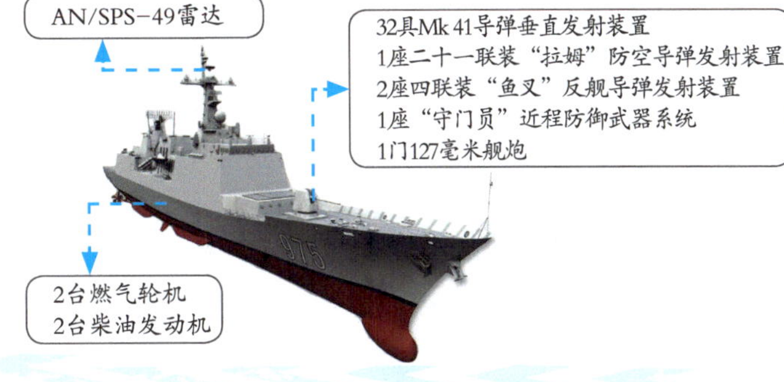

韩国“世宗大王”级驱逐舰

小 档 案	
满载排水量：	7200吨
舰　长　：	165.9米
舰　宽　：	21米
吃 水 深 度：	6.25米
最 高 航 速：	30节

80具Mk 41导弹垂直发射装置
48具K−VLS导弹垂直发射装置
4座四联装“海星”反舰导弹发射装置
1座“拉姆”近程防空导弹发射装置
1座“守门员”近程防御武器系统
1门127毫米舰炮

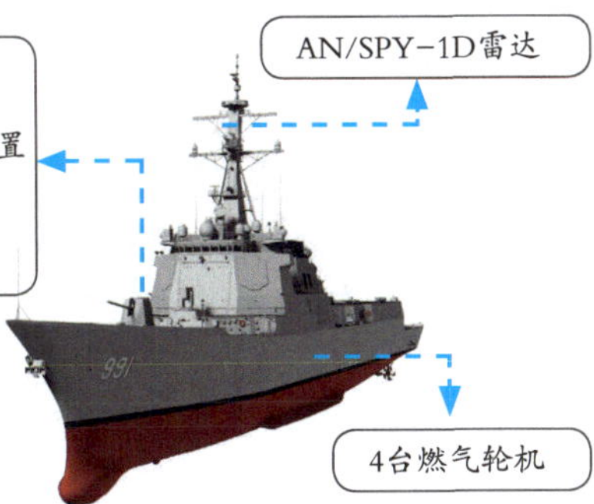

“世宗大王”（King Sejong the Great）级驱逐舰是韩国自行设计建造的第三种驱逐舰，装有“宙斯盾”系统，一共建造了3艘，从2008年服役至今。“世宗大王”级驱逐舰比较注重隐身性能，采用长艏楼、高平甲板、高干舷、方艉、飞剪形舰艏、小长宽比设计，舰体后部设有双直升机机库。舰艏的舷墙和防浪板延伸到主炮后面的垂直发射装置。舰艏呈前倾，横向剖面为深V形，舰体较宽并外飘，边角采用圆弧过渡。

印度“加尔各答”级驱逐舰

小档案

满载排水量：	7000吨
舰 长 ：	163米
舰 宽 ：	17.4米
吃水深度：	6.5米
最高航速：	32节

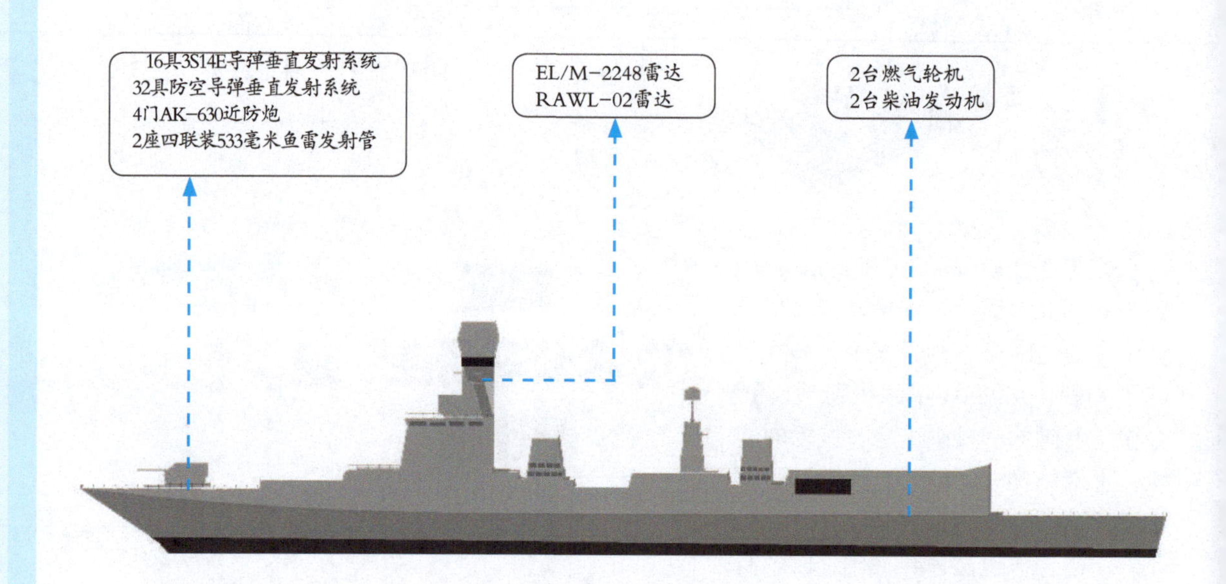

“加尔各答”（Kolkata）级驱逐舰是印度于21世纪初开始建造的驱逐舰，一共建造了3艘。首舰“加尔各答”号于2003年9月开工建造，2014年8月开始服役。二号舰“科钦”号于2005年10月开工建造，2015年9月开始服役。三号舰“金奈”号于2006年2月开工建造，2016年11月开始服役。“加尔各答”级驱逐舰基本上是印度海军前一代“德里”级驱逐舰的改良版，主要改进项目是强化舰体隐身设计以及武器装备。

▲ “加尔各答”级驱逐舰在大洋中航行

▲ “加尔各答”级驱逐舰俯视图

第5章

护卫舰入门

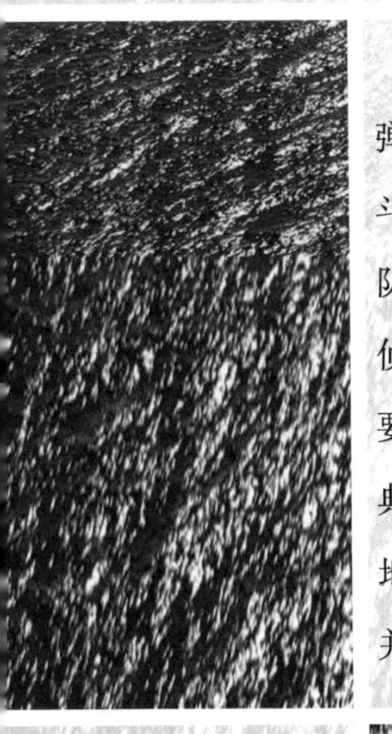

护卫舰是以导弹、舰炮、深水炸弹及反潜鱼雷为主要武器的水面战斗舰艇。它的主要任务是为舰艇编队担负反潜、护航、巡逻、警戒、侦察及登陆支援作战任务。本章主要介绍冷战以来世界各国建造的经典护卫舰，每种护卫舰都简明扼要地介绍了其建造背景和作战性能，并有准确的参数表格。

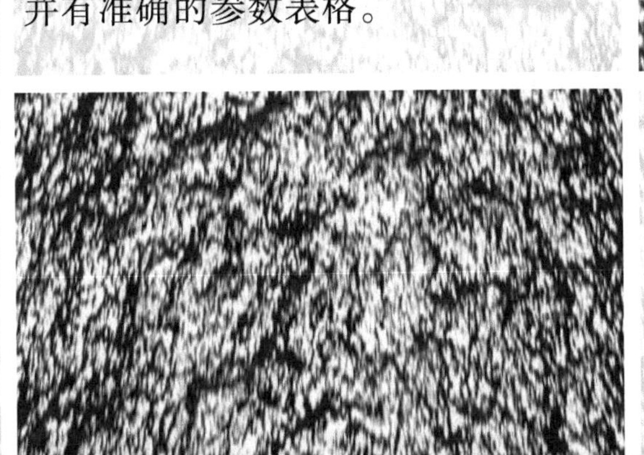

美国“布鲁克”级护卫舰

小档案

满载排水量：	3426吨
舰　长　：	126米
舰　宽　：	13米
吃水深度：	7.3米
最高航速：	27.2节

“布鲁克”（Brooke）级护卫舰是美国建造的第一代导弹护卫舰，一共建造了6艘，在1966～1989年间服役。该级舰装备了“鞑靼人”防空导弹，具备较强的自卫防空能力，还拥有一个可以携带反潜直升机的机库与新型声呐，可以执行远洋反潜作战、护送舰队、反破交战等多样化的任务。

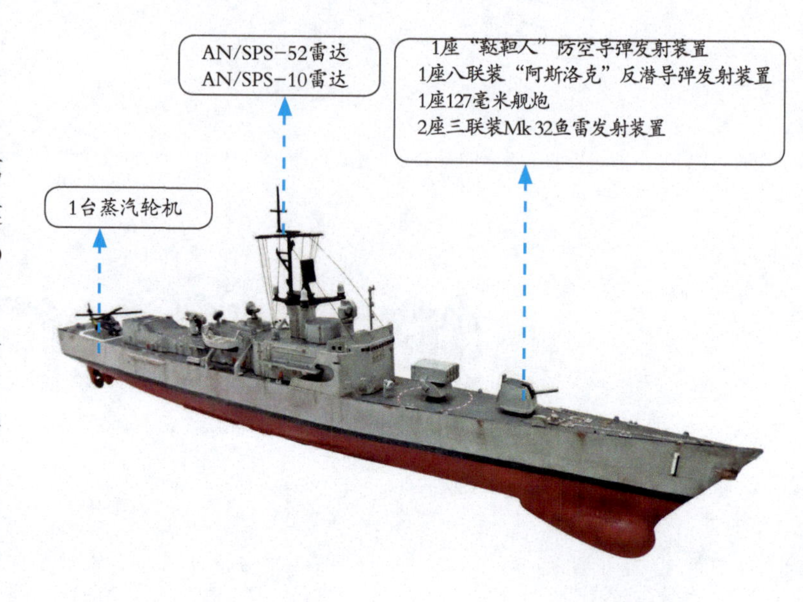

美国“诺克斯”级护卫舰

小档案

满载排水量：	4260吨
舰　长　：	134米
舰　宽　：	14.3米
吃水深度：	7.5米
最高航速：	27节

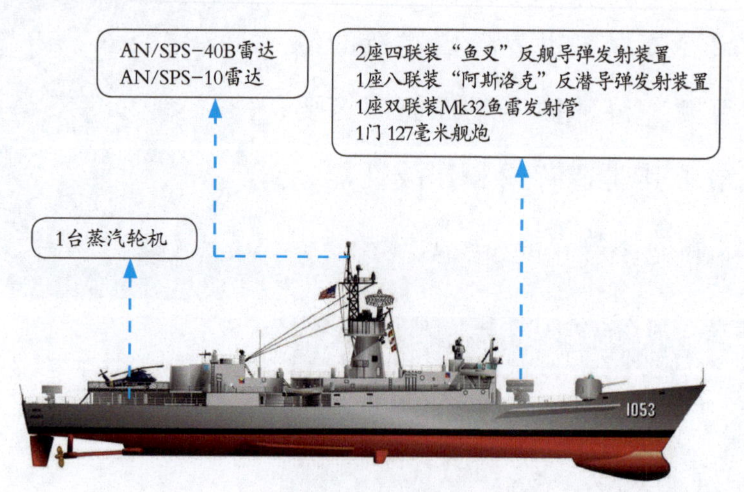

“诺克斯”（Knox）级护卫舰是美国于20世纪60年代研制的护卫舰，一共建造了46艘，在1969～1994年间服役。该级舰的上层建筑较长，舰艏建筑后方有一个粗大的桅杆塔，上部加粗呈桶形，其上架设各种天线。舰体后部设有机库，机库后方有面积较大的直升机平台。

美国"佩里"级护卫舰

小档案	
满载排水量：	4100吨
舰　长　：	135.6米
舰　宽　：	13.7米
吃水深度：	6.7米
最高航速：	29节

"佩里"（Perry）级护卫舰是美国于20世纪70年代研制的导弹护卫舰，在1975～2004年间一共建造了71艘，其中美国海军装备了51艘，澳大利亚和西班牙等国海军一共装备了20艘。在美国海军服役的"佩里"级护卫舰参与了美国近几十年来大多数重要军事行动，具有丰富的实战经验。截至2018年2月，美国海军装备的"佩里"级护卫舰已经全部退役，部分退役舰只被出售给土耳其、波兰、巴基斯坦、埃及、泰国和墨西哥等国。

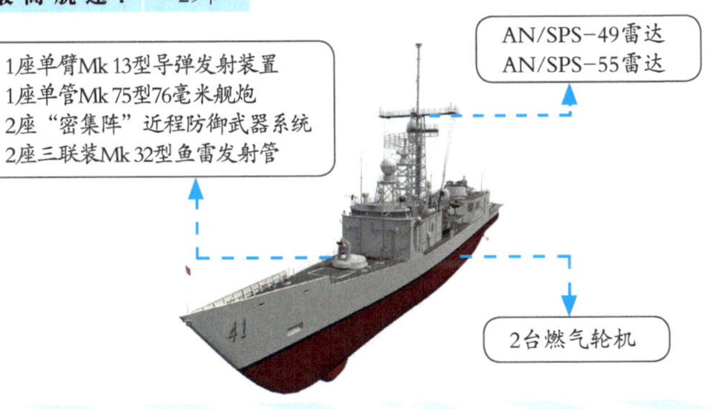

美国"自由"级濒海战斗舰

"自由"（Freedom）级濒海战斗舰是美国研制的小型水面舰艇，计划建造12艘，首舰于2008年开始服役。濒海战斗舰是在濒海区域作战的小型水面船只，比导弹驱逐舰更小，与国际上所指的护卫舰相仿。该级舰采用一种被称为"先进半滑航船体"的非传统单船体设计，其船体在高速航行时会向上浮起，吃水减少，阻力因此大幅降低。

小档案	
满载排水量：	3000吨
舰　长　：	115米
舰　宽　：	17.5米
吃水深度：	3.9米
最高航速：	47节

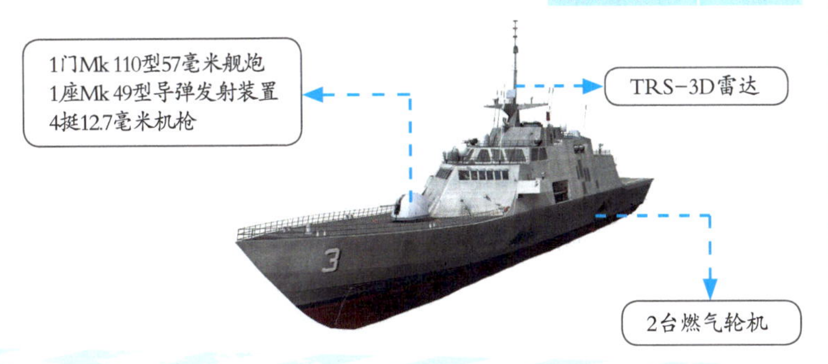

美国"独立"级濒海战斗舰

小档案	
满载排水量：	3104吨
舰　长　：	127.4米
舰　宽　：	31.6米
吃水深度：	4.3米
最高航速：	44节

"独立"（Independence）级是与"自由"级同期研制的另一种濒海战斗舰，计划建造12艘，首舰于2010年开始服役。该级舰是一种铝质三体舰，舰体采用模块化结构，并选用先进的舰体材料和动力装置。"独立"级的舰载传感器、作战系统和指挥系统等设计突破传统观念，能根据任务需要灵活组装、搭配不同的武器模块系统。该级舰配有舰艉舱门和一个吊臂，可以发送和回收小艇或水中传感器。

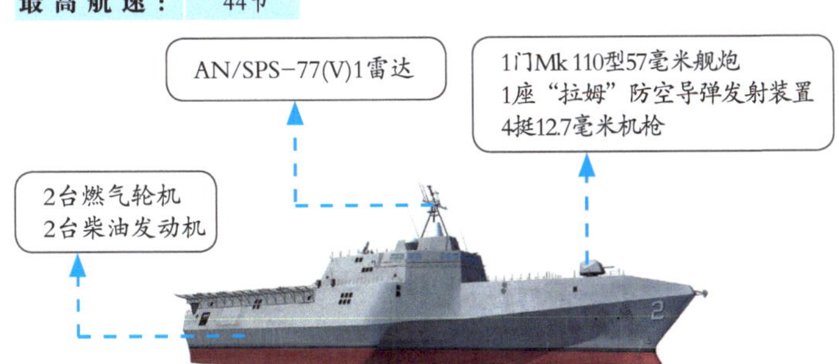

苏联/俄罗斯“克里瓦克”级护卫舰

小档案	
满载排水量：	3575吨
舰　长　：	123.5米
舰　宽　：	14.1米
吃水深度：	4.6米
最高航速：	32节

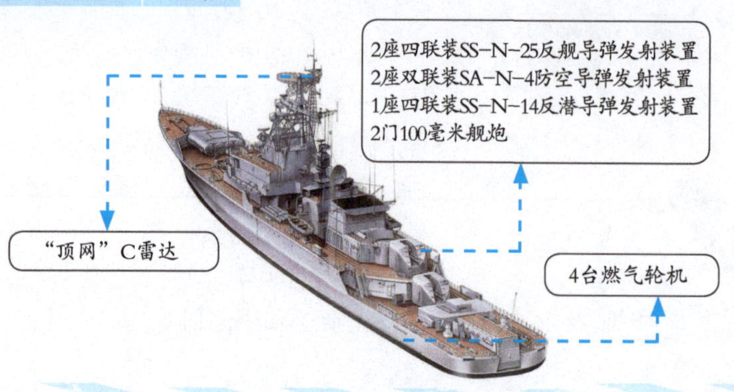

“克里瓦克”（Krivak）级护卫舰是苏联第一级现代化导弹护卫舰，大体可以分为3个型号：Ⅰ型建于1969～1981年，共建造20艘；Ⅱ型建于1976～1981年，共建造11艘；Ⅲ型建于1984～1993年，共建造9艘。该级舰于1970年开始服役，截至2018年2月仍有4艘在俄罗斯海军服役。“克里瓦克”级护卫舰采用宽体结构，提高了整个平台的稳定性，燃料及弹药携带量均有明显增加。

苏联/俄罗斯“格里莎”级护卫舰

“格里莎”（Grisha）级护卫舰是苏联于20世纪70年代研制的导弹护卫舰，一共建造了80艘，从1971年服役至今，有Ⅰ型、Ⅱ型、Ⅲ型和Ⅴ型四种型别。该级舰的舰艏尖削，艏部甲板弧度上升较大，干舷明显升高，具有较好的耐波性。舰桥两侧与船舷相接，使后甲板受波浪影响较小。

小档案	
满载排水量：	1200吨
舰　长　：	71.6米
舰　宽　：	9.8米
吃水深度：	3.7米
最高航速：	34节

“曲柱”雷达

1座双联装SA-N-4防空导弹发射装置
1座双联装57毫米舰炮
2座双联装533毫米鱼雷发射管

1台燃气轮机
2台柴油发动机

俄罗斯“猎豹”级护卫舰

小档案	
满载排水量：	1930吨
舰　长　：	102.1米
舰　宽　：	13.1米
吃水深度：	5.3米
最高航速：	28节

“猎豹”（Gepard）级护卫舰是俄罗斯研制的导弹护卫舰，一共建造了6艘，从2003年服役至今。该级舰分为2.9级和3.9级两种型号，3.9级的排水量较2.9级大，携带的导弹量也较多，能在5级的风浪下进行巡航。“猎豹”级护卫舰是典型的近海作战军舰，配备导弹、水雷、鱼雷及舰载机，火力比较齐全。该级舰可以搭载直升机，但没有机库，只有飞行甲板。

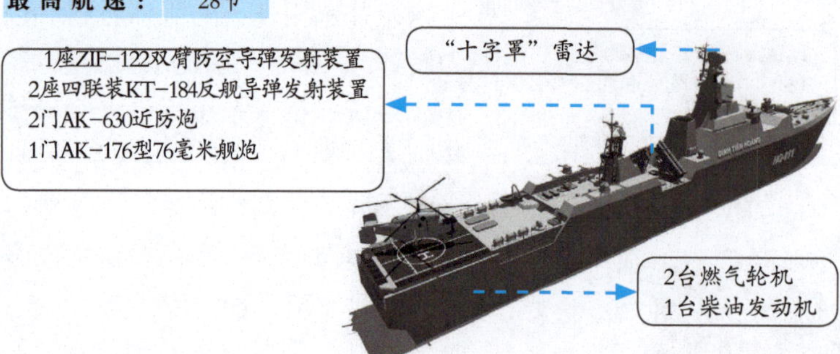

俄罗斯“不惧”级护卫舰

小档案	
满载排水量：	4400吨
舰 长 ：	129.6米
舰 宽 ：	15.6米
吃水深度：	5.6米
最高航速：	30节

“不惧”（Neustrashimy）级护卫舰是俄罗斯设计建造的导弹护卫舰，一共建造了2艘，从1993年服役至今。该级舰采用长甲板构型，舰体尺寸比“克里瓦克”级护卫舰大得多，以提高适航性以及燃油、武器装载量。“不惧”级护卫舰的舰体设计十分重视适航性，舰艏艏柱倾斜角度、外倾角度与舷弧均大，以降低海浪对甲板的冲刷。上层结构采倾斜式表面，可减少雷达散射截面。

俄罗斯“守护”级护卫舰

小档案	
满载排水量：	2200吨
舰 长 ：	94米
舰 宽 ：	13米
吃水深度：	3.7米
最高航速：	27节

“守护”（Steregushchiy）级护卫舰是俄罗斯海军正在建造的多用途隐身护卫舰，计划建造18艘，首舰于2007年开始服役。此外，阿尔及利亚也进口了6艘。“守护”级护卫舰拥有与21世纪初期数种西方先进舰艇相似的雷达隐身外形，封闭式的上层结构简洁洗练，略微向内倾斜，并采用封闭式主桅杆，可有效降低雷达截面积。该级舰的舰体由钢材制造，上层结构大量使用复合材料以减轻重量。

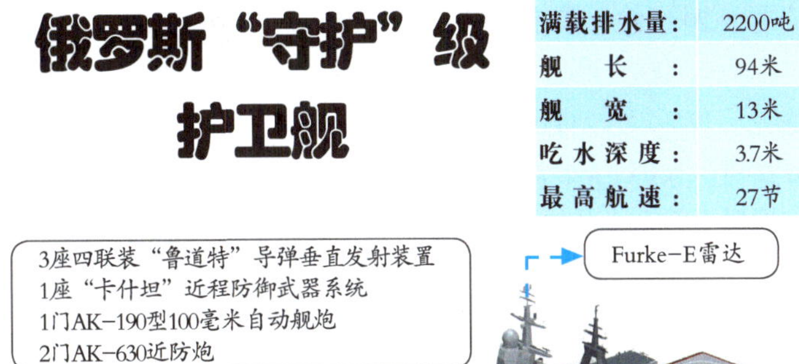

俄罗斯“格里戈洛维奇”级护卫舰

小档案	
满载排水量：	4035吨
舰 长 ：	124.8米
舰 宽 ：	15.2米
吃水深度：	4.2米
最高航速：	32节

“格里戈洛维奇”（Grigorovich）级护卫舰是俄罗斯正在建造的新一代导弹护卫舰，计划建造6艘，首舰于2016年3月开始服役。截至2018年3月，该级舰已有3艘入役。“格里戈洛维奇”级护卫舰是以“塔尔瓦”级护卫舰为基础改良而来的，其基本设计、动力系统、电子装备与舰载武器等都与“塔尔瓦”级护卫舰相似。

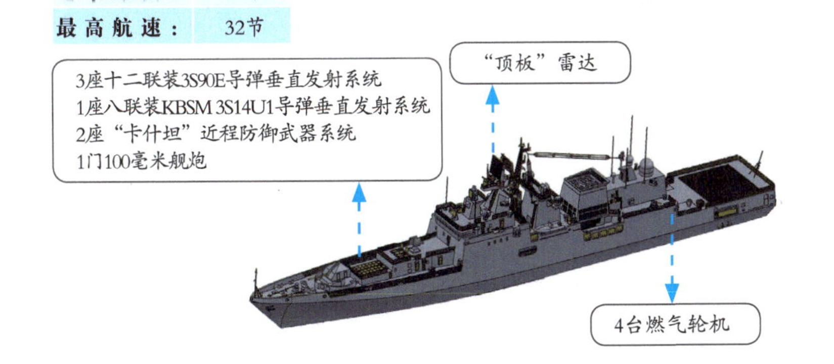

小档案	
满载排水量：	5400吨
舰　长：	135米
舰　宽：	16米
吃水深度：	4.5米
最高航速：	29.5节

俄罗斯“戈尔什科夫”级护卫舰

“戈尔什科夫”（Gorshkov）级护卫舰是俄罗斯正在建造的最新一级导弹护卫舰，计划建造15艘，首舰于2017年11月开始服役。该级舰是俄罗斯在苏联解体后第一种从头设计、建造的主力水面作战舰艇，而非对苏联时代遗留的半成品进行施工。“戈尔什科夫”级护卫舰整合了俄罗斯现有的各种先进技术和装备，综合作战能力较强。

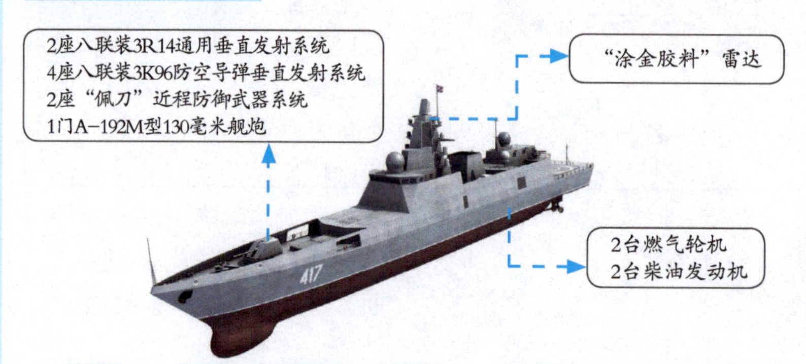

英国“女将”级护卫舰

小档案	
满载排水量：	3360吨
舰　长：	117米
舰　宽：	12.7米
吃水深度：	5.8米
最高航速：	32节

“女将”（Amazon）级护卫舰是英国于20世纪70年代建造的护卫舰，也称为21型护卫舰，一共建造了8艘，首舰于1974年开始服役。为了控制成本，“女将”级护卫舰的舰体采用民间船舶的规格来建造，各种装备也力求精简。由于一反过去由海军主导的计划方式，“女将”级护卫舰的外形与过去的英国海军舰艇有许多不同，外形较为简洁流畅，颇有快艇的风格。为了减轻上部重量以利于航行性能，该级舰的上层建筑大量采用铝合金材料制造。

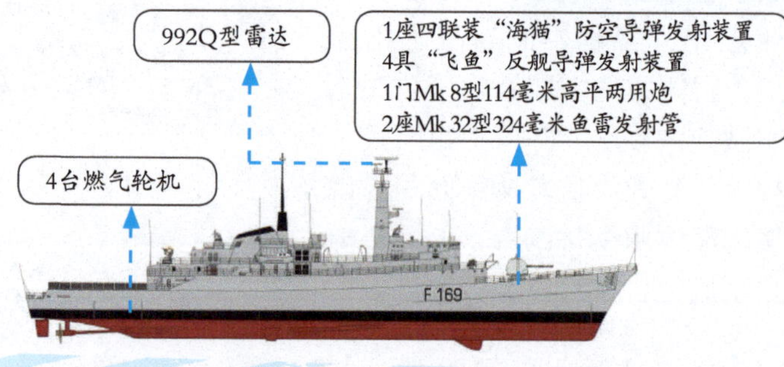

小档案	
满载排水量：	4800吨
舰　长：	148.1米
舰　宽：	14.8米
吃水深度：	6.4米
最高航速：	30节

英国“大刀”级护卫舰

“大刀”（Broadsword）级护卫舰是英国设计建造的多用途护卫舰，也称为22型护卫舰，一共建造了14艘，1979～2011年间在英国海军服役。该级舰的尺寸与排水量对于当时的护卫舰而言堪称相当庞大，与“谢菲尔德”级驱逐舰不相上下。虽然较大的舰体对于耐海性、适居性与持续战力都很有帮助，但也导致“大刀”级护卫舰的造价较高。

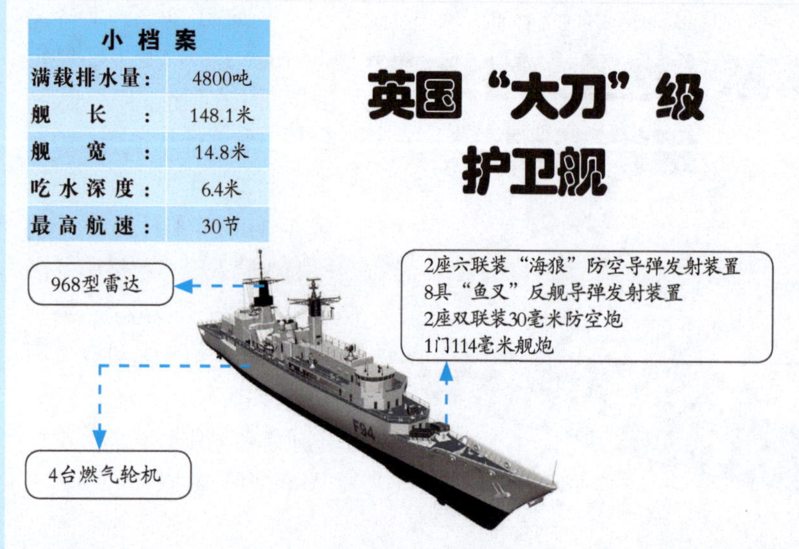

英国“公爵”级护卫舰

小档案	
满载排水量：	4900吨
舰长：	133米
舰宽：	16.1米
吃水深度：	7.3米
最高航速：	28节

“公爵”（Duke）级护卫舰是英国设计建造的导弹护卫舰，也称为23型护卫舰，一共建造了16艘，首舰于1987年开始服役。截至2018年2月，该级舰仍有13艘在英国海军服役，其他3艘在退役后被智利海军购买。“公爵”级护卫舰消防和通风等方面的设计比较先进，全舰分为5个独立的消防区，使用燃烧时不产生有害气体的舾装材料，指挥室和操纵室等重要区域实施了多种防护。

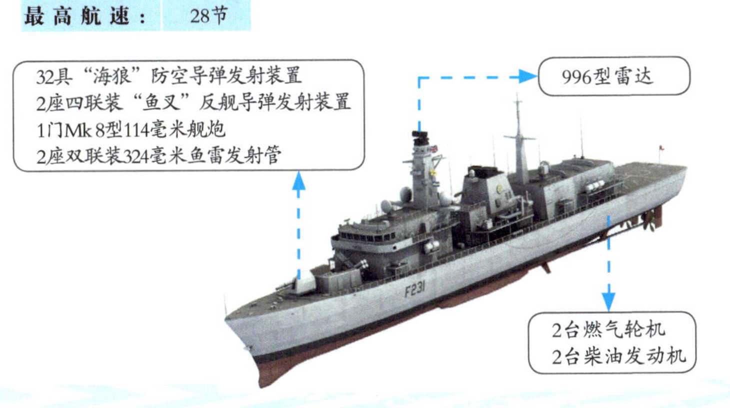

法国“花月”级护卫舰

小档案	
满载排水量：	2950吨
舰长：	93.5米
舰宽：	14米
吃水深度：	4.3米
最高航速：	20节

“花月”（Floréal）级护卫舰是法国于20世纪90年代初开始建造的护卫舰，法国海军一共装备了6艘，从1992年服役至今。该级舰的舰体粗短肥胖，长宽比仅6.88∶1，在军舰中极为罕见，这使得它拥有极佳的稳定性，在五级海况下仍能让直升机起降。不过短胖的代价就是航行阻力大增，降低了航速。由于任务上的特性，“花月”级护卫舰的舰体完全没有使用同时期“拉斐特”级护卫舰采用的舰体隐身设计。

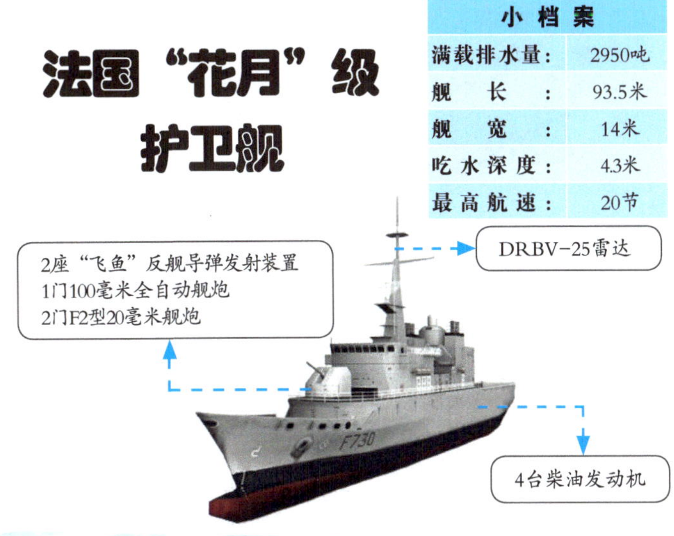

法国“拉斐特”级护卫舰

小档案	
满载排水量：	3600吨
舰长：	125米
舰宽：	15.4米
吃水深度：	4.1米
最高航速：	25节

“拉斐特”（La Fayette）级护卫舰是法国于20世纪80年代末研制的导弹护卫舰，一共建造了20艘，从1996年服役至今。该级舰的舰体线条流畅，不仅有利于提高隐身性能，也极具艺术美感，充分体现了法国优良的造船工艺和审美观念。“拉斐特”级护卫舰上除了必须暴露的武器装备和电子设备，其他设备一律隐蔽安装，舰体以上甲板异常整洁，除了一座舰炮，几乎没有任何突出物。

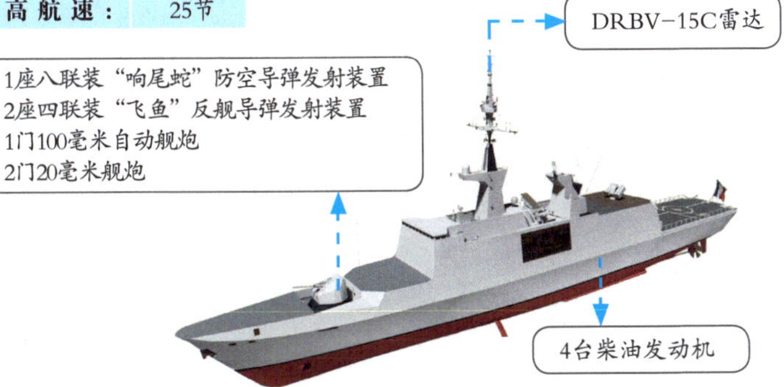

法国“阿基坦”级护卫舰

小档案

满载排水量：	6000吨
舰　长　：	142米
舰　宽　：	20米
吃水深度：	5米
最高航速：	27节

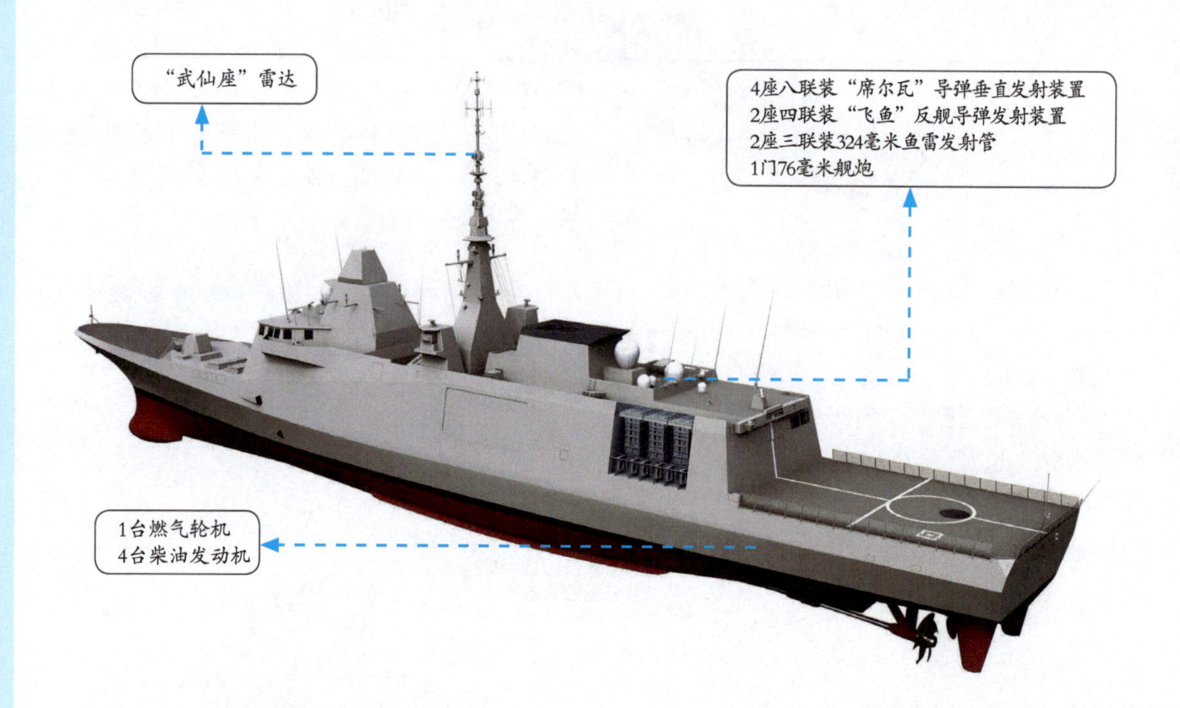

“阿基坦”（Aquitaine）级护卫舰是法国与意大利联合研制的欧洲多用途护卫舰（FREMM）的法国版，计划建造8艘。首舰于2007年开工建造，2012年11月开始服役。该级舰的外形设计较为前卫，上层结构与塔状桅杆采用倾斜设计（7度～11度）并避免直角，舰面力求简洁，各项甲板装备尽量隐藏于舰体内，封闭式的上层结构与船舷融为一体，舰体外部有防雷达涂料。

▲ “阿基坦”级护卫舰正在海试

▲ “阿基坦”级护卫舰俯视图

德国“不来梅”级护卫舰

小档案

满载排水量：	3680吨
舰　长　：	130.5米
舰　宽　：	14.6米
吃水深度：	6.3米
最高航速：	30节

“不来梅”（Bremen）级护卫舰是德国于20世纪70年代研制的多用途护卫舰，一共建造了8艘，从1982年服役至今。该级舰是针对德国海军本身以及北约的需求而设计，着重反水面作战，同时也需要一定的防空与反潜自卫能力，以便在危险较大的环境下作业。“不来梅”级护卫舰的舰体严格实施隔舱化设计，以提高舰艇的生存能力。

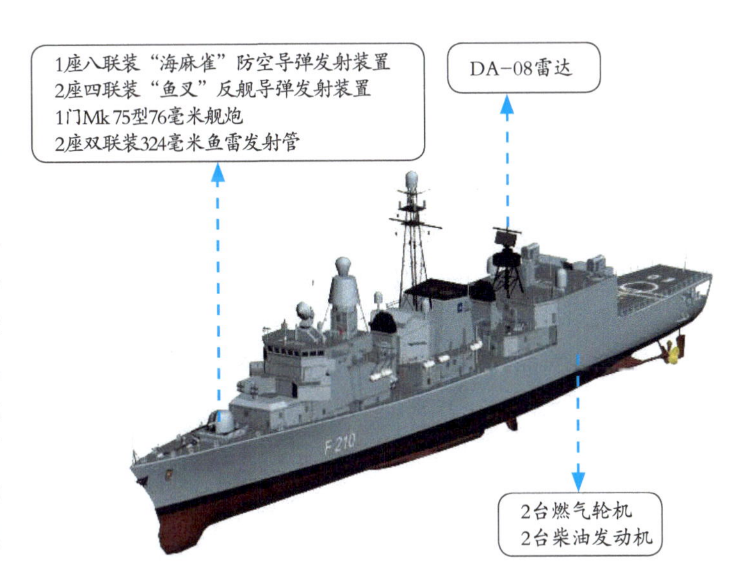

德国“勃兰登堡”级护卫舰

小档案

满载排水量：	4490吨
舰　长　：	138.9米
舰　宽　：	16.7米
吃水深度：	4.4米
最高航速：	29节

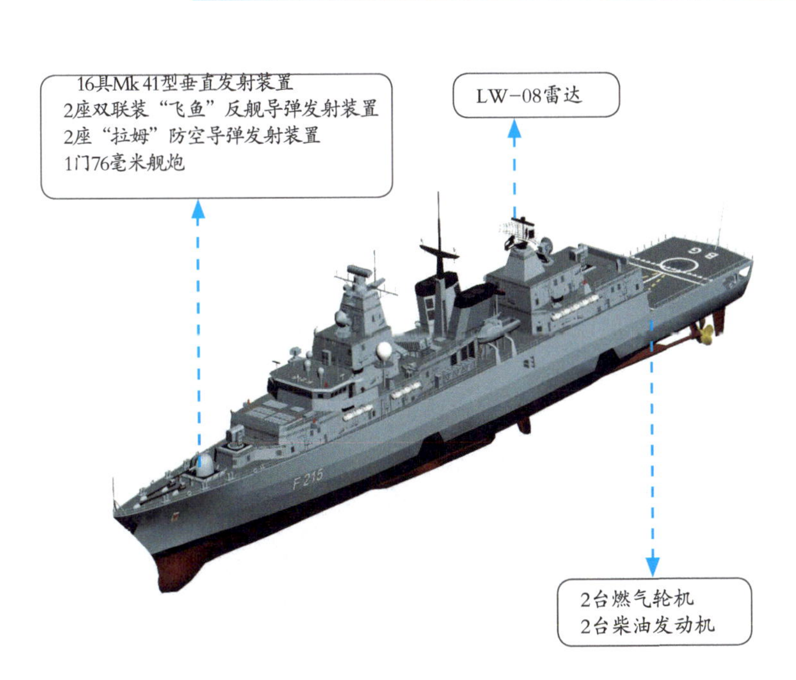

“勃兰登堡”（Brandenburg）级护卫舰是德国于20世纪90年代建造的护卫舰，一共建造了4艘，从1994年服役至今。该级舰采用模块化设计，武器装备和电子设备都使用标准尺寸和接口的功能模块，同型的功能模块可以互换，具有高度的灵活性和适应性，也使舰艇的改装和维修简便易行，并大大降低总采购费用和日常维修费用。

德国“萨克森”级护卫舰

小档案

满载排水量：	5800吨
舰　长　：	143米
舰　宽　：	17.4米
吃水深度：	6米
最高航速：	29节

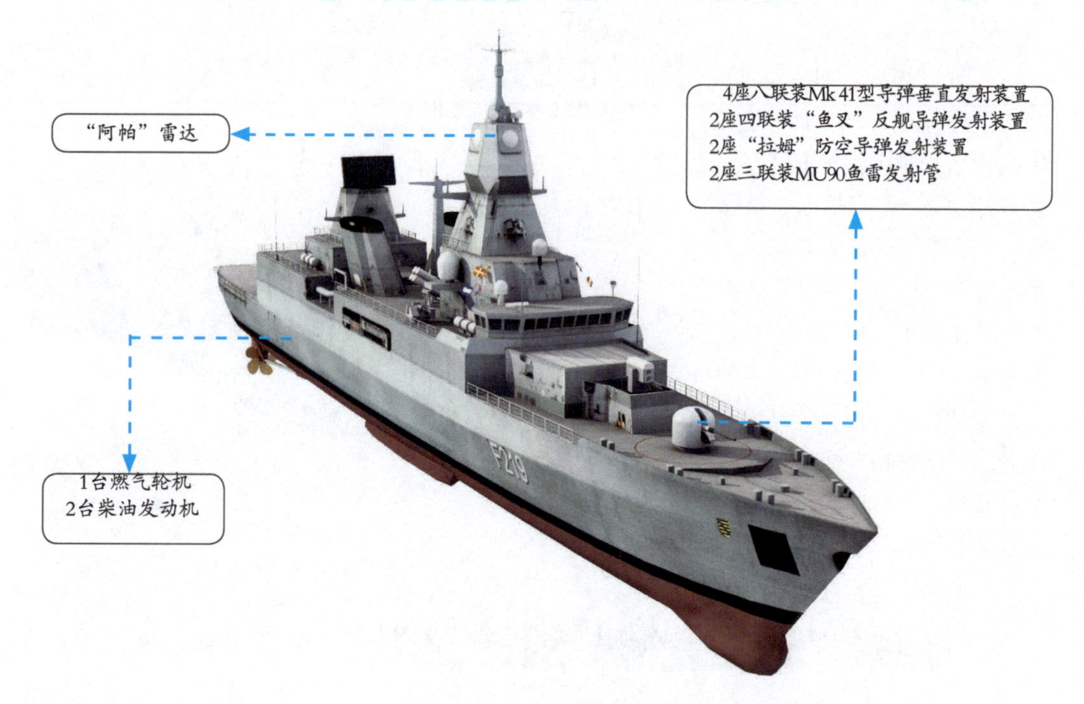

“萨克森”（Sachsen）级护卫舰是德国建造的导弹护卫舰，又称为F124型护卫舰，一共建造了3艘，从2004年服役至今。“萨克森”级护卫舰的舰体发展自“勃兰登堡”级护卫舰，两者的基本设计相似，但“萨克森”级护卫舰的舰体长度拉长，最重要的是引进各种隐身设计，外形修改得更为简洁且刻意做出倾斜造型，舰体大量使用隐身材料与涂料。“萨克森”级护卫舰的上层结构与舰体都以钢材制造，舰身分为6个双层水密隔舱，之间则为一些单层水密隔舱。

▲ “萨克森”级护卫舰在大洋中航行

▲ “萨克森”级护卫舰发射“海麻雀”导弹

小档案	
满载排水量：	3100吨
舰长：	122.7米
舰宽：	12.9米
吃水深度：	4.2米
最高航速：	33节

意大利“西北风”级护卫舰

“西北风”（Maestrale）级护卫舰是意大利海军于20世纪80年代装备的多用途护卫舰，一共建造了8艘，从1981年服役至今。该级舰在设计上基本可以视为其前级“狼”级护卫舰的放大版，不仅将舰体尺寸、排水量放大以增加适航性，侦测能力、电子系统以及反潜能力也经过强化。“西北风”级护卫舰的舰体构型合理，改善了适航性以及高速性能。

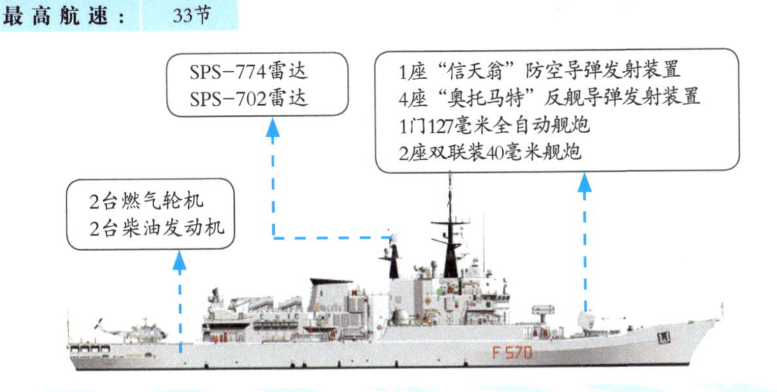

意大利“卡洛·贝尔加米尼”级护卫舰

小档案	
满载排水量：	6700吨
舰长：	144.6米
舰宽：	19.7米
吃水深度：	8.7米
最高航速：	30节

“卡洛·贝尔加米尼”（Carlo Bergamini）级护卫舰是法国与意大利联合研制的欧洲多用途护卫舰（FREMM）的意大利版，计划建造10艘，包括6艘通用型和4艘反潜型。首舰于2008年2月开工建造，2013年5月开始服役。与法国版相比，“卡洛·贝尔加米尼”级护卫舰的外形设计相对保守，比较接近“地平线”级驱逐舰。该级舰采用五叶片可变距螺旋桨，航行操作性能较佳，全速状态下能在420米距离急停，而法国版需要2倍的距离。

小档案	
满载排水量：	5800吨
舰长：	146.7米
舰宽：	18.6米
吃水深度：	4.8米
最高航速：	29节

西班牙“阿尔瓦罗·巴赞”级护卫舰

“阿尔瓦罗·巴赞”（Álvaro de Bazán）级护卫舰是西班牙研制的“宙斯盾”护卫舰，又称F-100型护卫舰，一共建造了5艘，2002年开始服役。该级舰采用模块化设计，全舰由27个模块组成。甲板为4层，从上到下依次为主甲板、第二层甲板、第一层甲板和压载舱。为了增强防火能力，舰体被主舱壁隔离成多个垂直的防火区，防火区之间的间隔少于40米。为保证抗沉性，舰上还具有13个横向防水舱壁。

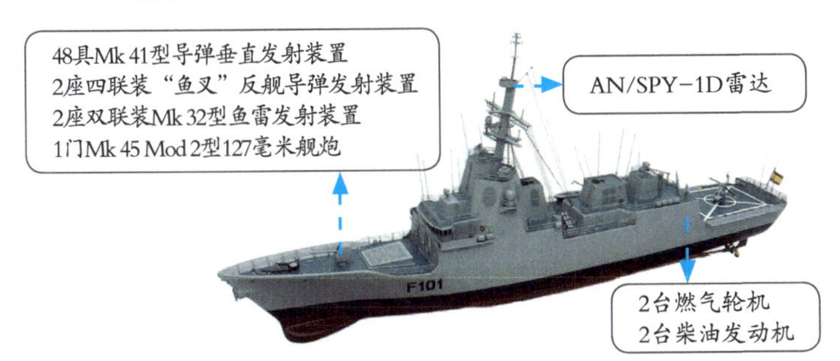

荷兰“卡雷尔·多尔曼”级护卫舰

小档案	
满载排水量：	3320吨
舰长：	122.3米
舰宽：	14.4米
吃水深度：	6.1米
最高航速：	30节

“卡雷尔·多尔曼”（Karel Doorman）级护卫舰是荷兰研制的导弹护卫舰，一共建造了8艘，从1991年服役至今。该级舰采用平甲板船型，艏舷弧从舰体中部开始出现，直至舰艏，使得整体看去艏舷弧并不明显，但舰艏的高度已增加不少，以减小甲板上浪的机会。舰艏尖瘦，舰体中部略宽，下设减摇鳍。上层建筑位于舰体中部，约占全舰长度的一半以上，但高度较矮。

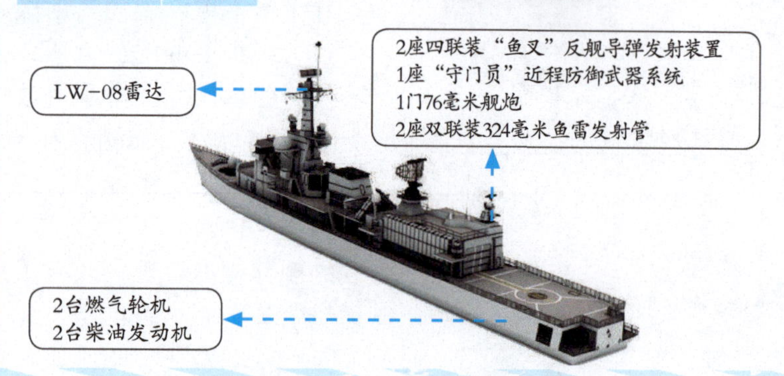

瑞典“伟士比”级护卫舰

小档案	
满载排水量：	640吨
舰长：	72.7米
舰宽：	10.4米
吃水深度：	2.4米
最高航速：	35节

“伟士比”（Visby）级护卫舰是瑞典建造的轻型护卫舰，一共建造了5艘，从2000年服役至今。该级舰结合隐身、网络中心战概念，船壳采用“三明治”设计，中心是聚氯乙烯（PVC）层，外加碳纤维和乙烯合板，并用斜角设计反射雷达波。前端57毫米舰炮可以收入炮塔，以降低雷达侦测率。

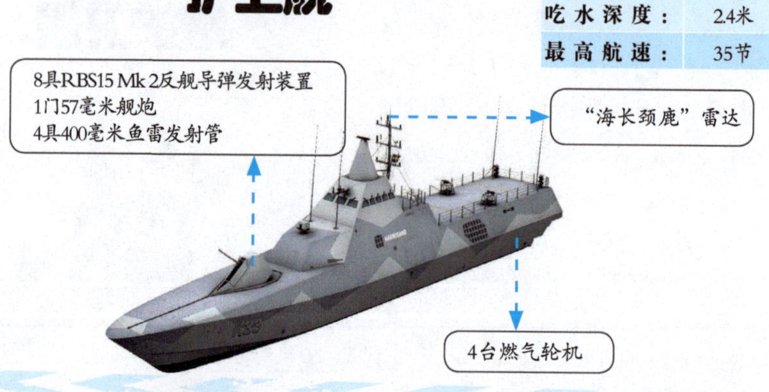

澳大利亚/新西兰“安扎克”级护卫舰

小档案	
满载排水量：	3600吨
舰长：	118米
舰宽：	14.8米
吃水深度：	4.4米
最高航速：	27节

“安扎克”（Anzac）级护卫舰是澳大利亚和新西兰联合研制的护卫舰，一共建造了10艘，其中8艘为澳大利亚海军建造，2艘为新西兰海军建造。首舰于1993年11月开工，1996年5月开始服役。“安扎克”级护卫舰的武器系统、电子系统、控制台，甚至桅杆等设备都是按照标准尺寸制成的独立模块，在岸上由分包商在厂房内组装测试，然后被运送到船厂，安装到标准底座上。这种建造方式不仅可以节省安装时间，最大限度地避免失误，也更容易进行改装或升级。

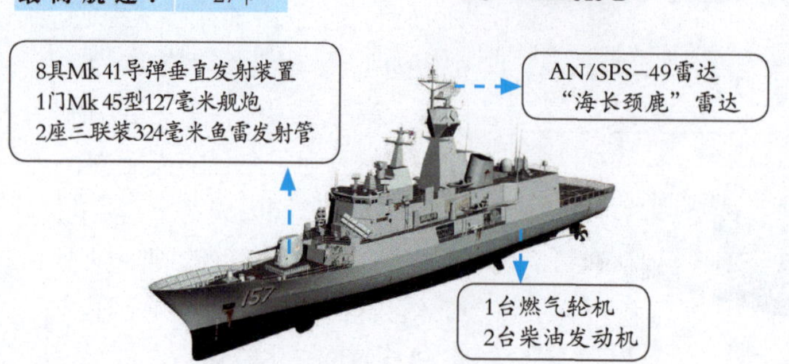

日本“石狩”级护卫舰

小 档 案	
满载排水量：	1600吨
舰　长　：	85米
舰　宽　：	10.6米
吃水深度：	3.5米
最高航速：	25.2节

OPS-28雷达

2座四联装“鱼叉”反舰导弹发射装置
1座“密集阵”近程防御武器系统
1门76毫米舰炮
2座三联装324毫米鱼雷发射管

1台燃气轮机
1台柴油发动机

“石狩”（Ishikari）级护卫舰是日本于 20 世纪 80 年代研制的导弹护卫舰，仅有“石狩”号建造完成。该舰于 1979 年 5 月开工建造，1980 年 3 月下水，1981 年 3 月开始服役。“石狩”级护卫舰最初规划为反潜巡防舰，但是后来又加装了“鱼叉”导弹作为反舰用途。日本海上自卫队认为“石狩”级护卫舰尺寸太小，无法满足未来需求，所以转而建造“夕张”级护卫舰。2007 年 10 月，“石狩”号护卫舰退出现役。

日本“夕张”级护卫舰

小 档 案	
满载排水量：	1690吨
舰　长　：	91米
舰　宽　：	10.8米
吃水深度：	3.6米
最高航速：	25节

“夕张”（Yubari）级护卫舰是“石狩”级导弹护卫舰的后继舰种，一共建造了 2 艘，在 1983 ~ 2010 年间服役。“夕张”级护卫舰的舰身比“石狩”级护卫舰增长了 6 米，上层结构改为钢制，后甲板留有加装“密集阵”近程防御武器系统的升级空间，不过最后没有安装。因住舱面积有所增加，“夕张”级护卫舰的居住性大大改善。

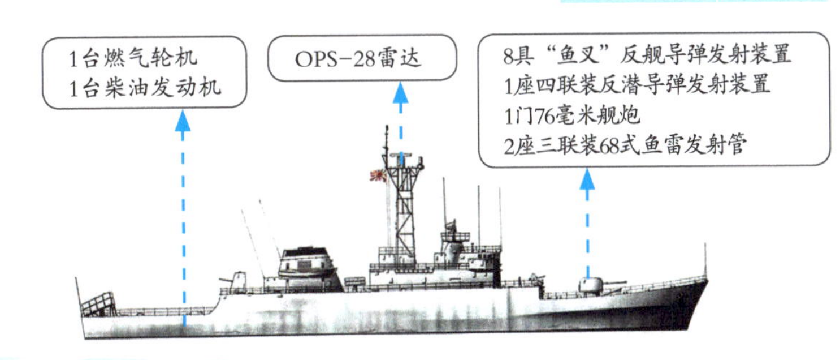

日本“阿武隈”级护卫舰

小 档 案	
满载排水量：	2550吨
舰　长　：	109米
舰　宽　：	13.4米
吃水深度：	3.8米
最高航速：	27节

“阿武隈”（Abukuma）级护卫舰是日本于 20 世纪 80 年代末开始建造的通用护卫舰，一共建造了 6 艘，从 1989 年服役至今。该级舰的隐身效果较好，是日本海上自卫队较早引入舰体隐身设计的战斗舰艇。舰上两舷船体向内倾斜，这样可使雷达波向海面扩散，达到不易被对方雷达捕捉的目的。“阿武隈”级护卫舰采用可变螺距的侧斜螺旋桨，可以使转数降低至原来的四分之三，既减少了噪音，又提高了隐蔽性。

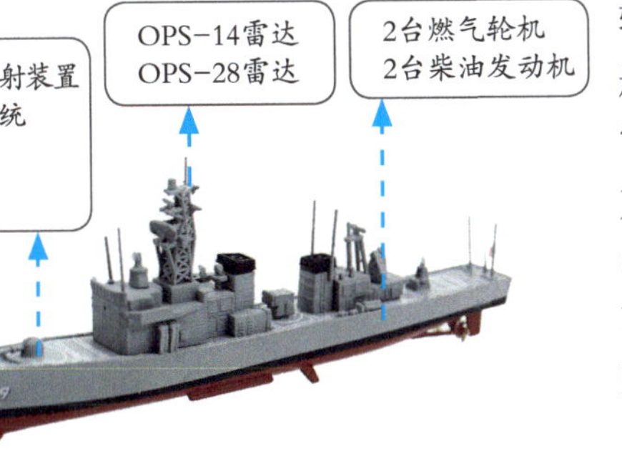

韩国“浦项”级护卫舰

小档案	
满载排水量：	1200吨
舰　长：	88.3米
舰　宽：	10米
吃水深度：	2.9米
最高航速：	32节

“浦项”（PoHang）级护卫舰是韩国于20世纪80年代研制的轻型护卫舰，一共建造了24艘，首舰于1984年开始服役。该级舰是在“东海”级护卫舰的基础上改进而来，为韩国海军最重要的近海防卫力量。“浦项”级护卫舰有反潜型和反舰型两种类型，安装了不同的舰载武器。截至2018年2月，该级舰仍有14艘在韩国海军服役。

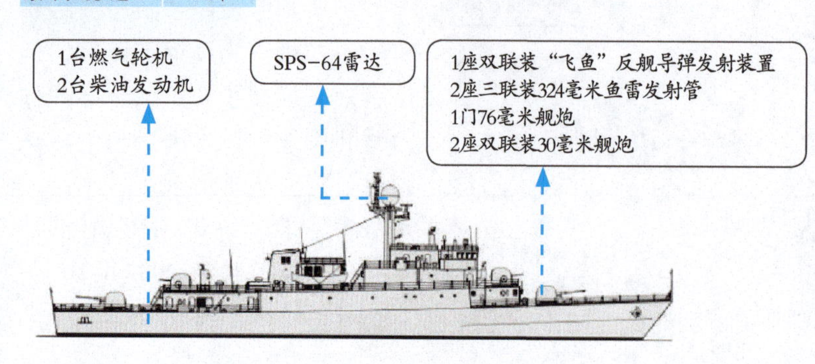

印度“塔尔瓦”级护卫舰

小档案	
满载排水量：	4035吨
舰　长：	124.8米
舰　宽：	15.2米
吃水深度：	4.2米
最高航速：	32节

“塔尔瓦”（Talwar）级护卫舰是俄罗斯为印度设计的护卫舰，一共建造了6艘，从2003年服役至今。该级舰是在俄罗斯“克里瓦克”Ⅲ型护卫舰的基础上改进而来的，两者有明显区别，上层建筑和舰体都重新进行了设计，大大减少了雷达反射截面。舰体有明显的外倾和内倾，上层建筑与舰体成为一体，也有较大的固定的内倾角。

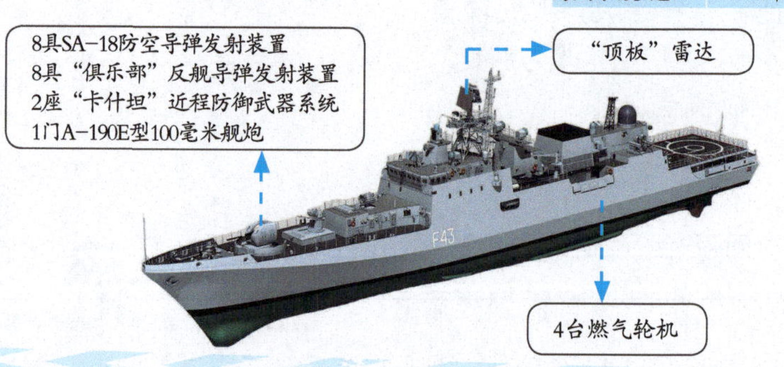

印度“什瓦里克”级护卫舰

小档案	
满载排水量：	6200吨
舰　长：	142.5米
舰　宽：	16.9米
吃水深度：	4.5米
最高航速：	32节

“什瓦里克”（Shivalik）级护卫舰是印度设计建造的大型多用途护卫舰，一共建造了3艘。首舰“什瓦里克”号于2010年4月服役，二号舰“萨特普拉”号于2011年8月服役，三号舰“萨雅德里”号于2012年7月服役。就整体性能而言，“什瓦里克”级护卫舰有许多先进之处，不过也有部分设计略显过时，最主要的就是没有采用垂直发射的防空导弹系统，仍以20世纪80年代的单臂防空导弹发射装置发射中远程防空导弹。

“顶板”雷达
EL/M 2238 STAR2雷达
1座3S-90单臂防空导弹发射装置
1座八联装3S14E反舰导弹发射装置
2门AK-630近防炮
1门76毫米舰炮
2台燃气轮机
2台柴油发动机

第6章

潜艇入门

潜艇既能在水面航行，又能潜入水中某一深度进行机动作战。在海战中，潜艇的主要作用是对陆上战略目标实施核袭击，摧毁敌方军事、政治、经济中心等。本章主要介绍冷战以来世界各国建造的经典潜艇，每种潜艇都简明扼要地介绍了其建造背景和作战性能，并有准确的参数表格。

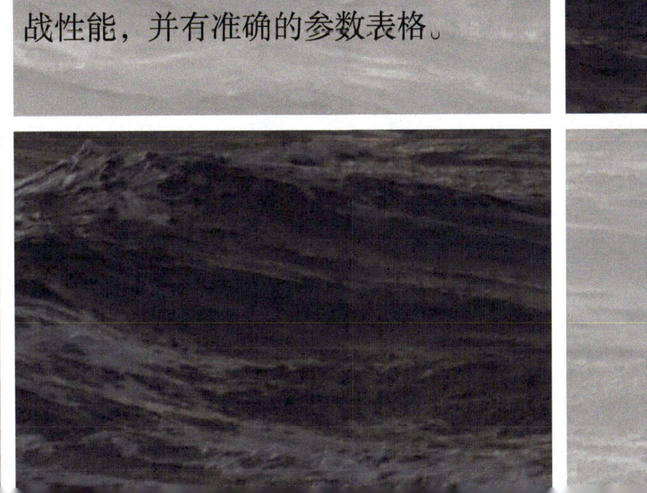

美国“鹦鹉螺”号攻击型核潜艇

小档案	
潜航排水量：	4200吨
艇长：	103.2米
艇宽：	8.5米
吃水深度：	6.7米
潜航速度：	23节

“鹦鹉螺”（Nautilus）号潜艇是世界上第一艘实际运作服役的核动力潜艇，也是第一艘实际航行穿越北极的船只，在 1954 ~ 1980 年间服役。该艇可在最高航速下连续航行 50 天、全程 3 万千米而不需要加任何燃料。与当时的普通潜艇相比，“鹦鹉螺”号潜艇的航速大约快了一半。整个核动力装置占艇身的一半左右。艇体外形与内部、动力仪器与作战装备，都是当时最精密的科学产品。

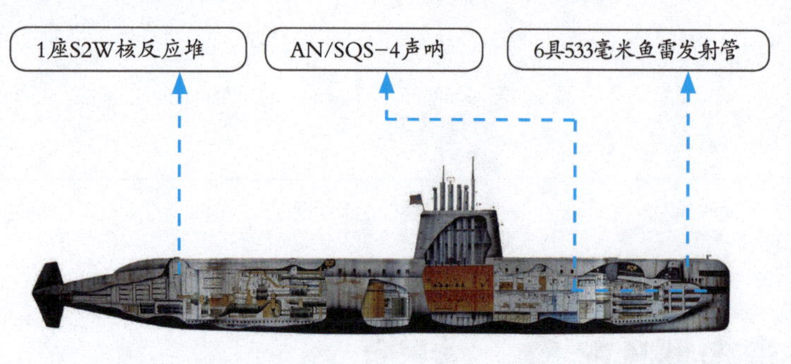

美国“鳐鱼”级攻击型核潜艇

小档案	
潜航排水量：	2850吨
艇长：	81.6米
艇宽：	7.6米
吃水深度：	6.5米
潜航速度：	22节

“鳐鱼”（Skate）级潜艇是美国海军继“鹦鹉螺”号潜艇之后发展的攻击型核潜艇，一共建造了 4 艘，在 1957 ~ 1989 年间服役。“鳐鱼”级潜艇将核动力装置和先进的水滴形艇型结合，创下了当时水下高速航行的纪录。该级艇的动力装置采用了美国当时新研制的 S4W 压水反应堆，该反应堆采用蒸汽透平减速齿轮推进方式，噪音较小。

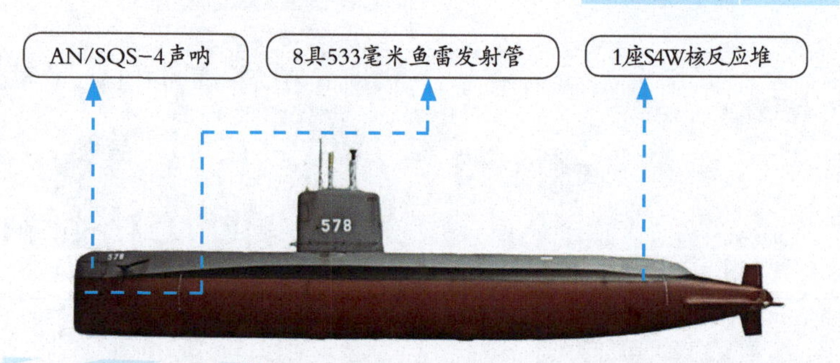

美国“鲣鱼”级攻击型核潜艇

小档案	
潜航排水量：	3513吨
艇长：	77米
艇宽：	9.7米
吃水深度：	7.4米
潜航速度：	33节

“鲣鱼”（Skipjack）级潜艇是美国研制的第二代攻击型核潜艇，一共建造了 6 艘，在 1959 ~ 1990 年间服役。该级艇采用水滴形艇体，大大提高了水下航速。“鲣鱼”级潜艇使用的 S5W 压水反应堆由 S4W 压水反应堆发展而来，因效率更高，整体尺寸变小。

1座S5W核反应堆

6具533毫米鱼雷发射管

AN/SQS-4声呐

美国“长尾鲨”级攻击型核潜艇

小档案	
潜航排水量：	4312吨
艇长：	84.9米
艇宽：	9.6米
吃水深度：	7.7米
潜航速度：	28节

“长尾鲨”（Permit）级潜艇是美国研制的第三代攻击型核潜艇，一共建造了 13 艘，在 1961 ~ 1994 年间服役。该级艇采用水滴形艇体，装有三种推进装置：主动力装置、应急动力装置和辅助推进装置，机舱噪音较小。“长尾鲨”级潜艇装有形状独特的七叶螺旋桨，有效降低了螺旋桨的空泡噪音。

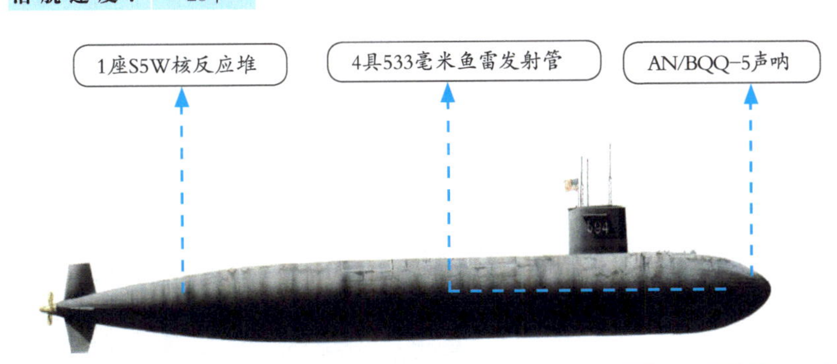

美国“鲟鱼”级攻击型核潜艇

小档案	
潜航排水量：	4640吨
艇长：	89.1米
艇宽：	9.7米
吃水深度：	9.1米
潜航速度：	26节

“鲟鱼”（Sturgeon）级潜艇是美国研制的第四代攻击型核潜艇，一共建造了 37 艘，在 1967 ~ 2004 年间服役。该级艇采用先进的水滴形艇体，艇体比美国海军以往的攻击型潜艇大，指挥台围壳较高，围壳舵的位置较低，这样可提高潜艇在潜望镜深度的操纵性能。“鲟鱼”级潜艇可在北极冰下活动，为了有利于上浮时破冰，围壳舵可以折起。

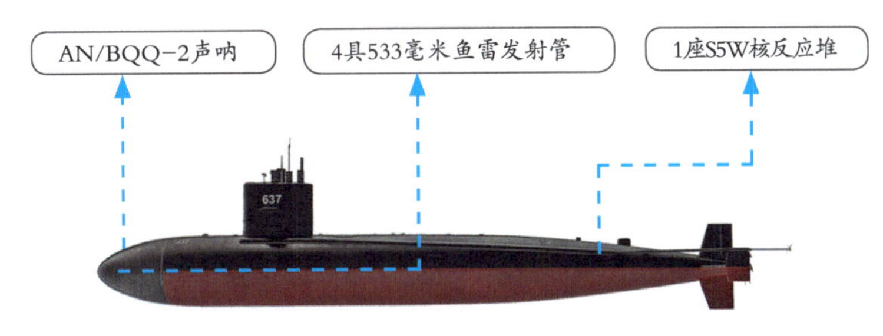

美国“洛杉矶”级攻击型核潜艇

小档案	
潜航排水量：	6927吨
艇长：	110.3米
艇宽：	10米
吃水深度：	9.9米
潜航速度：	32节

“洛杉矶”（Los Angeles）级潜艇是美国研制的第五代攻击型核潜艇，一共建造了 62 艘，从 1976 年服役至今。该级艇很好地处理了高速与安静的关系，在尽可能降低噪音的前提下保证了较高的航速。“洛杉矶”级潜艇的耐压壳体轮廓低矮，艇壳轮廓过渡圆滑，由艇艏至艇艉逐渐收缩至水线处。指挥塔围壳较窄，前后缘垂直，位于艇身中部较前位置。

美国“海狼”级攻击型核潜艇

小档案	
潜航排水量：	9142吨
艇　长　：	107.6米
艇　宽　：	12.2米
吃水深度：	10.7米
潜航速度：	35节

“海狼”（Seawolf）级潜艇是美国研制的攻击型核潜艇，静音性能较佳，一共建造了3艘，从1997年服役至今。该级艇使用长宽比为7.7 ：1的水滴形艇体，接近最佳长宽比。“海狼”级潜艇的舰体比“洛杉矶”级潜艇短而胖，潜航排水量大幅增加至9000吨以上。以往的美国核潜艇都采用十字形舰艉控制翼，而“海狼”级潜艇则采用新的六片式尾翼。“海狼”级潜艇配有能透过冰层的侦测装置，可在北极冰下海区执行作战任务。

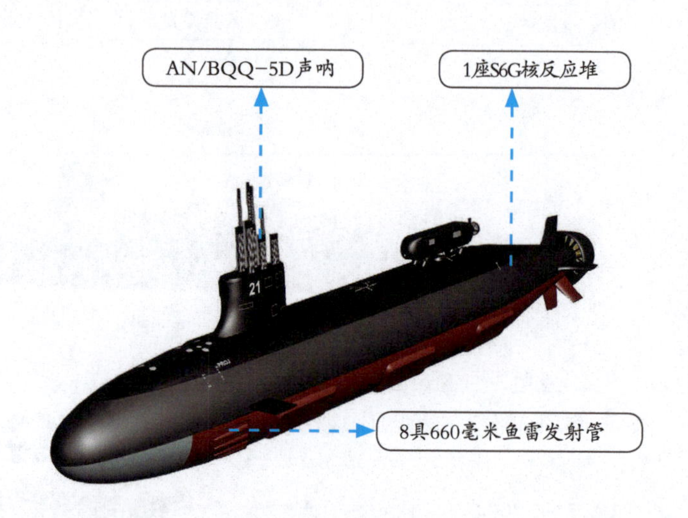

美国“弗吉尼亚”级攻击型核潜艇

小档案	
潜航排水量：	7928吨
艇　长　：	115米
艇　宽　：	10.4米
吃水深度：	10.1米
潜航速度：	30节

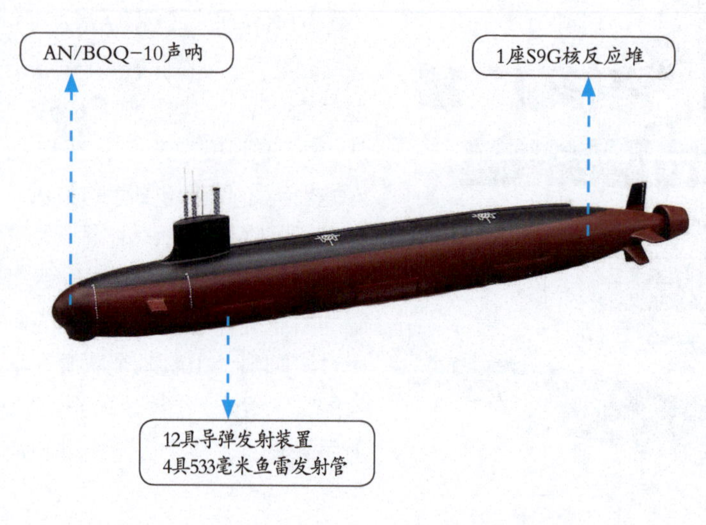

“弗吉尼亚”（Virginia）级潜艇是美国海军正在建造的多用途攻击型核潜艇，计划建造48艘，首艇于2004年开始服役。截至2018年2月，该级艇共有14艘入役。“弗吉尼亚”级潜艇采用水滴形艇体，直径与“洛杉矶”级潜艇相近。由于沿用了“海狼”级潜艇的研发成果，“弗吉尼亚”级潜艇的许多外形特征都与“海狼”级潜艇一样。该级艇可以使用对陆攻击型“战斧”巡航导弹，对陆地纵深目标实施打击。

美国“乔治·华盛顿”级弹道导弹核潜艇

小档案	
潜航排水量：	6880吨
艇长：	116.3米
艇宽：	10.1米
吃水深度：	8.8米
潜航速度：	24节

“乔治·华盛顿”（George Washington）级潜艇是美国第一代弹道导弹核潜艇，一共建造了5艘，在1959 ~ 1985年间服役。该级艇庞大的上层建筑，是其外观上最明显的特征，从指挥台围壳前一直向艇艉延伸，覆盖着16具弹道导弹发射装置。潜艇内部有7个舱室，依次是鱼雷舱、指挥舱、导弹舱、第一辅机舱、反应堆舱、第二辅机舱和主机舱。“乔治·华盛顿”级潜艇的建成，标志着潜射弹道导弹第一次构成了真正的全球性威慑力量。

美国“伊桑·艾伦”级弹道导弹核潜艇

小档案	
潜航排水量：	7900吨
艇长：	125米
艇宽：	10.1米
吃水深度：	9.8米
潜航速度：	21节

“伊桑·艾伦”（Ethan Allen）级潜艇是美国第二代弹道导弹核潜艇，一共建造了5艘，在1961 ~ 1992年间服役。该级艇在美国海军弹道导弹核潜艇的发展中，起到了承上启下的作用。“伊桑·艾伦”级潜艇的耐压艇体采用了HY-80高强度钢，使其最大下潜深度达到300米。这一深度成为其后美国海军各种型号弹道导弹核潜艇的标准下潜深度。

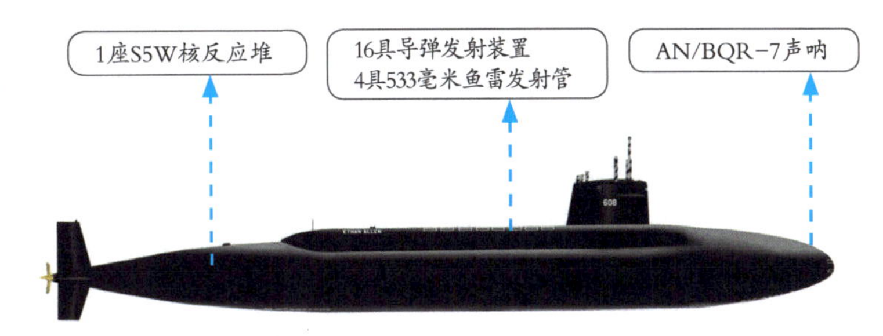

美国“拉斐特”级弹道导弹核潜艇

小档案	
潜航排水量：	8250吨
艇长：	129.5米
艇宽：	10.1米
吃水深度：	10米
潜航速度：	25节

“拉斐特”（Lafayette）级潜艇是美国研制的第三代弹道导弹核潜艇，一共建造了9艘，在1963 ~ 1994年间服役。该级艇采用纺锤形艇体，艇艏圆钝，艇体较长，呈光顺的流线型。指挥台围壳在靠近艇艏的位置，并装有围壳舵，内部布置了潜望镜、雷达、无线电天线以及通气管装置等。

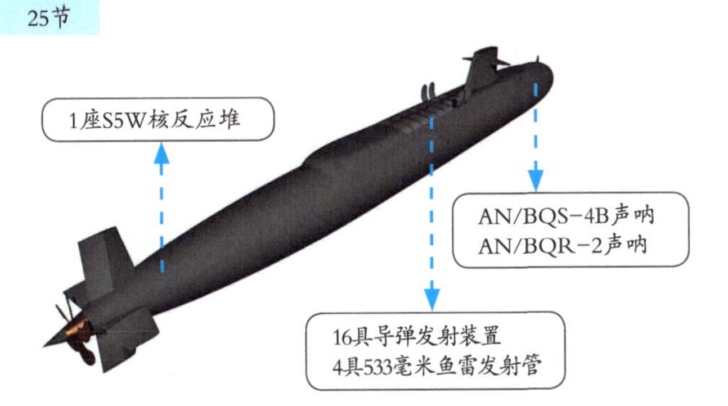

美国“俄亥俄”级弹道导弹核潜艇

小档案

潜航排水量：	18750吨
艇 长 ：	170米
艇 宽 ：	13米
吃水深度：	11.8米
潜航速度：	20节

“俄亥俄”（Ohio）级潜艇是美国发展的第四代弹道导弹核潜艇，一共建造了 18 艘，从 1981 年服役至今。冷战结束后，有 4 艘被改装为巡航导弹核潜艇。“俄亥俄”级潜艇采用单壳型艇体，外形近似于水滴形，长宽比为 13 ∶ 1。舰体两端是非耐压壳体，中部为耐压壳体。耐压壳体从舰艏到舰艉依次分为指挥舱、导弹舱、反应堆舱和主辅机舱 4 个大舱。

▲ “俄亥俄”级潜艇的导弹垂直发射装置的外部特写

▲ “俄亥俄”级潜艇侧后方视角

美国“哥伦比亚”级弹道导弹核潜艇

小 档 案	
潜航排水量：	20810吨
艇　长　：	171米
艇　宽　：	13米
吃 水 深 度：	10米
潜 航 速 度：	30节

“哥伦比亚”（Columbia）级潜艇是美国正在规划建造的新一代弹道导弹核潜艇，计划建造 12 艘。2014 年，该级艇完成定型设计，包括总体设计、水动力设计、耐压壳、武器系统等。“哥伦比亚”级潜艇采用模块化的通用导弹舱设计，每艘潜艇有 4 个通用导弹舱，舱内有 4 具弹道导弹发射管，相关辅助设备也集成在舱内，外部管线和接口数量大大减少，工艺性、可靠性、维修性、安全性大幅提高。

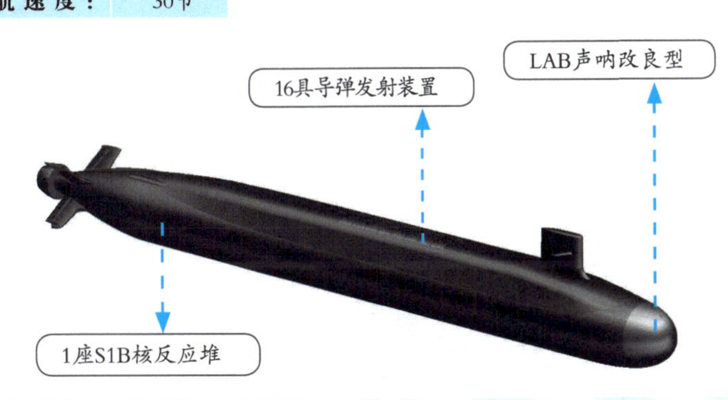

苏联“十一月”级攻击型核潜艇

小 档 案	
潜航排水量：	4380吨
艇　长　：	109.8米
艇　宽　：	8.3米
吃 水 深 度：	5.8米
潜 航 速 度：	30节

“十一月”（November）级潜艇是苏联海军第一种核动力潜艇，一共建造了 13 艘，在 1957 ~ 1991 年间服役。该级艇采用双壳体结构，与美国潜艇不同的是，美国潜艇的舱室较大，数量较少，储备浮力也小，而苏联潜艇舱室则比较小，数量比较多，储备浮力很大。这种设计的最大好处就是抗沉性强，潜艇结构强度也较大，但缺点则在于排水量较大以及由大排水量所带来的阻力大、噪音大和航速慢。

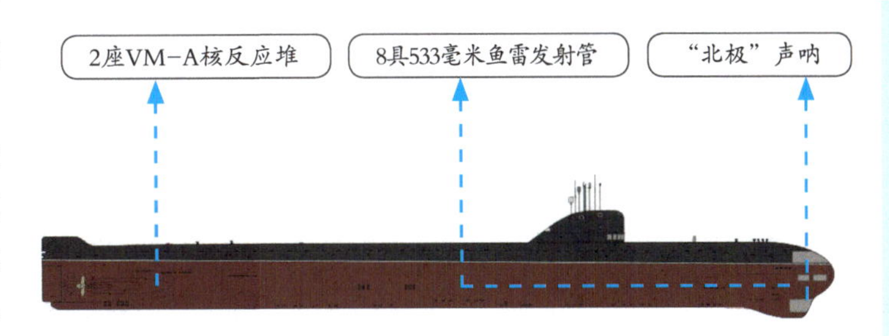

苏联/俄罗斯“维克托”级攻击型核潜艇

小 档 案	
潜航排水量：	5300吨
艇　长　：	94米
艇　宽　：	10.5米
吃 水 深 度：	7.3米
潜 航 速 度：	32节

“维克托”（Victor）级潜艇是苏联研制的攻击型核潜艇，一共建造了 48 艘，首艇于 1967 年开始服役。截至 2018 年 2 月，该级艇仍有 3 艘在俄罗斯海军服役。“维克托”级潜艇采用了轴对称的水滴形艇体和双壳体结构，长宽比约为 10 ∶ 1。指挥台和上层建筑很矮，突出部分很小。耐压壳是由 AK−29 高强度合金钢建造，钢板厚度为 35 毫米。非耐压壳体、指挥塔围壳、艇艉垂直舵和水平舵都是由低磁钢材建造的。

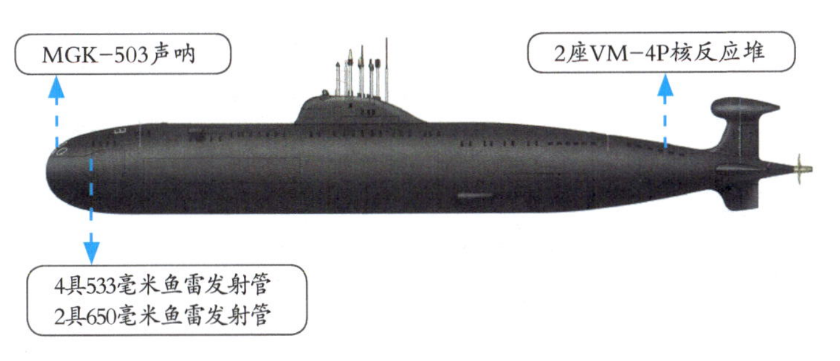

苏联/俄罗斯“阿尔法”级攻击型核潜艇

小档案	
潜航排水量：	3600吨
艇长：	81.5米
艇宽：	9.5米
吃水深度：	7.5米
潜航速度：	40节

“阿尔法”（Alfa）级潜艇是苏联研制的攻击型核潜艇，一共建造了7艘，在1977～1996年间服役。该级艇采用水滴形艇体、双壳体结构，整个艇体分为鱼雷舱、机电舱、中央指挥控制舱、反应堆舱、主机舱和尾舱等舱室。“阿尔法”级潜艇的指挥围壳也是苏联潜艇中少数使用流线外形的潜艇。

苏联/俄罗斯“塞拉”级攻击型核潜艇

小档案	
潜航排水量：	8200吨
艇长：	107米
艇宽：	12.2米
吃水深度：	8.8米
潜航速度：	35节

“塞拉”（Sierra）级潜艇是苏联研制的攻击型核潜艇，一共建造了4艘，首艇于1984年开始服役。截至2018年2月，该级艇仍有2艘在俄罗斯海军服役。“塞拉”级潜艇采用了苏联独特的双壳体结构，艇壳体用钛合金材料建造而成。全艇共有7个耐压舱室，包括指挥舱、武器舱、前部辅机舱、后部辅机舱、反应堆舱、主电机舱和尾舱，这些舱室都严格执行抗沉设计，大大提高了潜艇的生存能力。

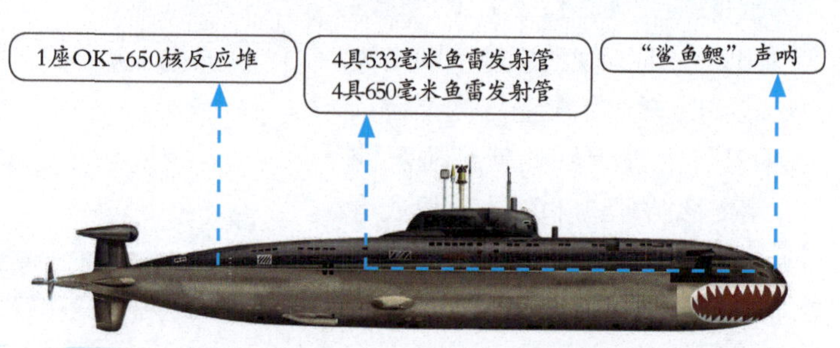

苏联“麦克”级攻击型核潜艇

小档案	
潜航排水量：	8000吨
艇长：	117.5米
艇宽：	10.7米
吃水深度：	9米
潜航速度：	30节

“麦克”（Mike）级潜艇是苏联研制的攻击型核潜艇，仅建造了1艘，在1984～1989年间服役。该级艇以钛合金作为艇体材料，艇艏圆钝，艇艉尖瘦。“麦克”级潜艇的下潜深度远大于苏联其他使用钛合金制造的核潜艇，设计下潜深度达到1250米，安全下潜深度为1000米，截至2018年仍是世界上潜航深度最大的核潜艇。

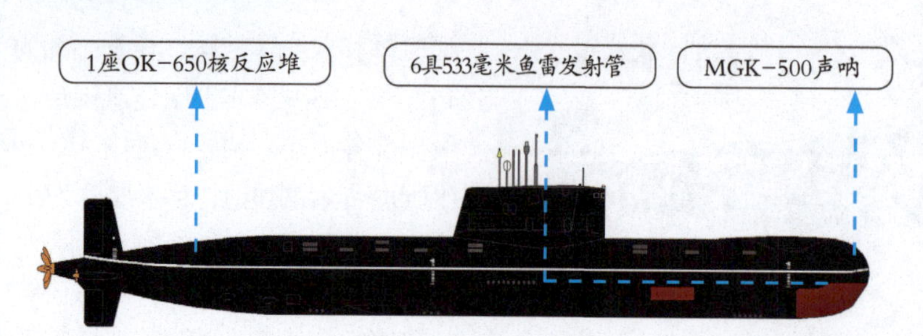

苏联/俄罗斯“阿库拉”级攻击型核潜艇

小档案	
潜航排水量:	12770吨
艇　长　:	110米
艇　宽　:	13.5米
吃水深度:	9米
潜航速度:	33节

“阿库拉”（Akula）级潜艇是苏联研制的攻击型核潜艇，一共建造了 15 艘，从 1984 年服役至今。该级艇采用水滴形艇体、双壳体结构，里面一层艇壳为钛合金制造的耐压壳体。该艇共有 7 个耐压舱，包括指挥舱、武器舱、反应堆、前部辅机舱、后部辅机舱、主电机舱和尾舱，这些耐压舱都采用了严格的抗沉性标准设计。

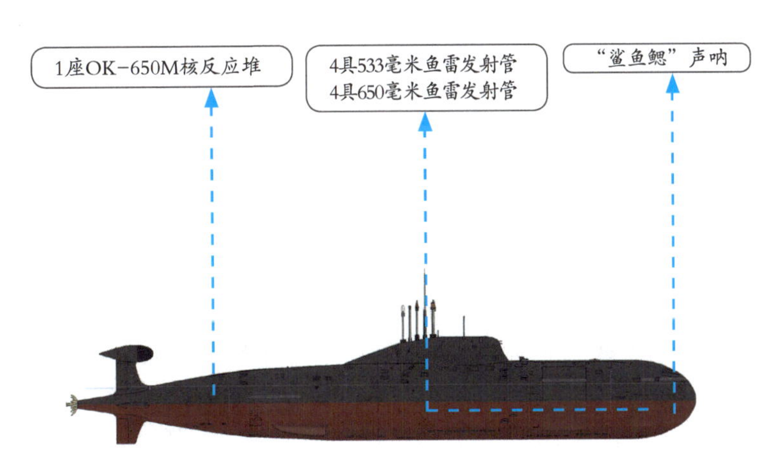

俄罗斯“亚森”级攻击型核潜艇

小档案	
潜航排水量:	13800吨
艇　长　:	120米
艇　宽　:	15米
吃水深度:	8.4米
潜航速度:	28节

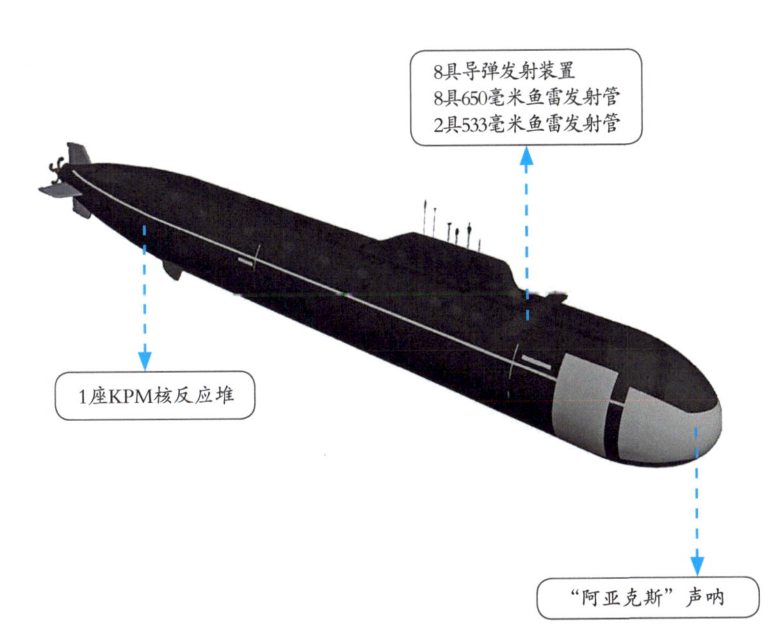

“亚森”（Yasen）级潜艇是俄罗斯正在建造的新型攻击型核潜艇，计划建造 12 艘。首艇“北德文斯克”号于 1993 年 12 月开工，2013 年 12 月开始服役。截至 2018 年 2 月，二号艇已经下水，三号艇至七号艇也已开工建造。“亚森”级潜艇可以发射 SS−N−27 巡航导弹，该导弹最大飞行速度为 2.5 马赫，最大射程超过 3000 千米，命中精度为 4 ~ 8 米。

苏联“旅馆”级弹道导弹核潜艇

小 档 案	
潜航排水量：	5300吨
艇　长　：	114米
艇　宽　：	7.2米
吃水深度：	7.5米
潜航速度：	26节

“旅馆”（Hotel）级潜艇是苏联研制的弹道导弹核潜艇，一共建造了8艘，在1960～1991年间服役。该级艇的外壳除了舰桥和艇艏以外，基本和“十一月”级潜艇相同。“旅馆”级潜艇是苏联第一种铺设消声瓦的潜艇，由于当时苏联的消声瓦铺设技术还不成熟，所以很多潜艇的消声瓦在服役时有一定程度的脱落。尽管“旅馆”级潜艇对于当时的苏联来说是一个飞跃，但整体性能仍逊色于美国“乔治·华盛顿”级潜艇。

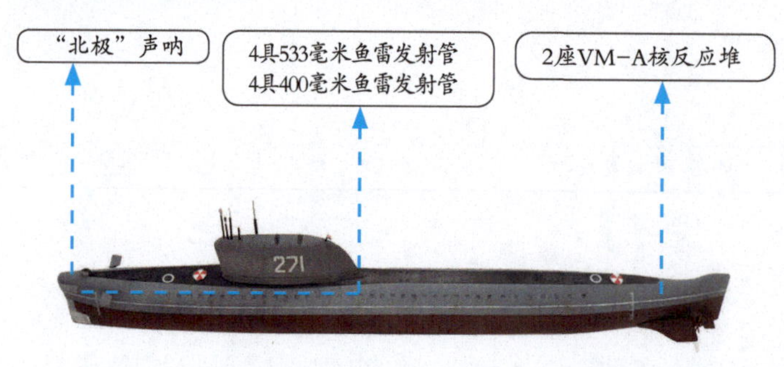

苏联/俄罗斯“杨基”级弹道导弹核潜艇

“杨基”（Yankee）级潜艇是苏联研制的弹道导弹核潜艇，一共建造了34艘，在1967～1995年间服役。该级艇是苏联第一种能够与美国战略潜艇导弹在装载量上媲美的弹道导弹核潜艇，它可以携带16枚弹道导弹。“杨基”级潜艇采用了消音装置技术，比“旅馆”级潜艇更安静，但是噪音依然比当时的北约潜艇更大。

小 档 案	
潜航排水量：	10020吨
艇　长　：	128米
艇　宽　：	11.7米
吃水深度：	7.8米
潜航速度：	28节

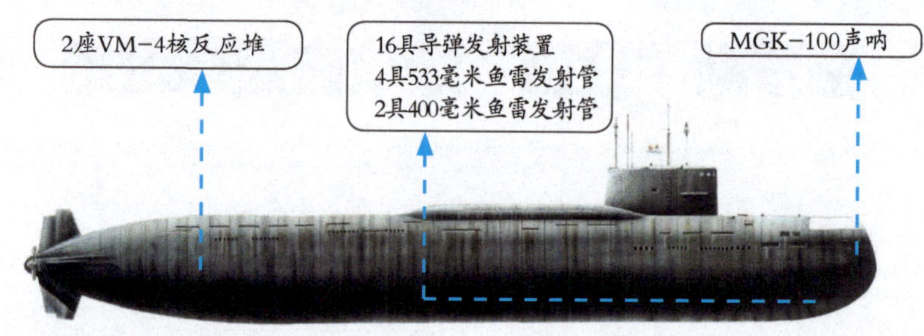

苏联/俄罗斯“德尔塔”级弹道导弹核潜艇

小 档 案	
潜航排水量：	19000吨
艇　长　：	167米
艇　宽　：	12米
吃水深度：	9米
潜航速度：	24节

“德尔塔”（Delta）级潜艇是苏联研制的弹道导弹核潜艇，一共建造了18艘，从1972年服役至今。该级艇有4种外形相似，但又各有不同的艇型。目前，“德尔塔”Ⅰ级和“德尔塔”Ⅱ级已经全部退役，“德尔塔”Ⅲ、Ⅳ级仍然在役。“德尔塔”级潜艇使用了苏制潜艇普遍使用的双壳体结构，在指挥围壳上安装了水平舵。这种水平舵可以让潜艇在没有纵向倾斜的情况下让潜艇更容易下沉。

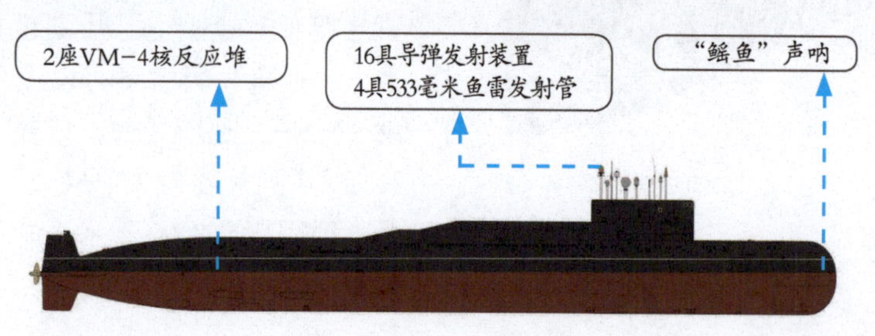

苏联/俄罗斯“台风”级弹道导弹核潜艇

小档案

潜航排水量：	48000吨
艇 长 ：	171.5米
艇 宽 ：	25米
吃水深度：	17米
潜航速度：	25节

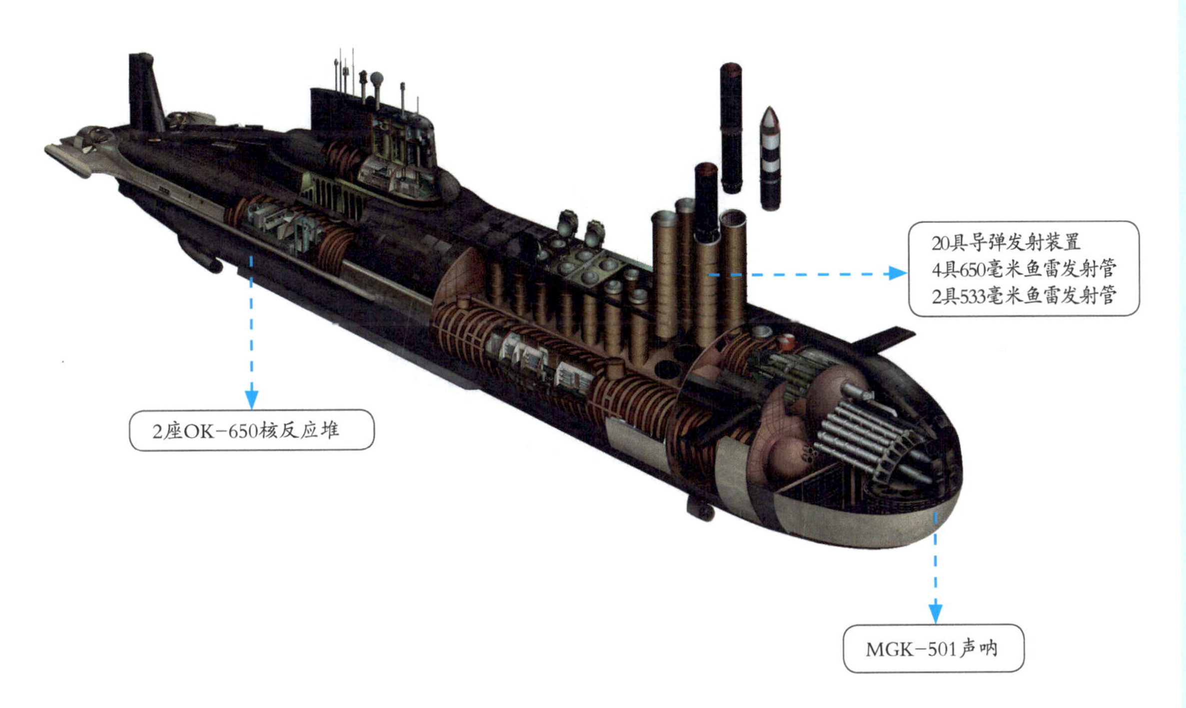

“台风”（Typhoon）级潜艇是苏联研制的弹道导弹核潜艇，一共建造了 6 艘，首艇于 1982 年开始服役。截至 2018 年 2 月，“台风”级潜艇只剩下 1 艘在役，还有 2 艘退役后储备在北方舰队。该级艇是人类历史上建造的排水量最大的潜艇，至今仍保持着最大体积和吨位的世界纪录。“台风”级潜艇最独特的设计是“非典型双壳体”，即导弹发射筒为单壳体，其他部分采用双壳体。导弹发射筒夹在双壳耐压艇体之间，可避免出现“龟背”而增大航行的阻力和噪音，并节约建造费用。

▲ **“台风”级潜艇左舷视角**

▲ **“台风”级潜艇在大洋中航行**

俄罗斯“北风之神”级弹道导弹核潜艇

小档案	
潜航排水量：	17000吨
艇　长　：	170米
艇　宽　：	13米
吃水深度：	10米
潜航速度：	27节

“北风之神”（Borei）级潜艇是俄罗斯研制的弹道导弹核潜艇，计划建造8艘，截至2018年2月，已有3艘开始服役，即“尤里·多尔戈鲁基”号、“亚历山大·涅夫斯基”号和“弗拉基米尔·莫诺马赫”号。“北风之神”级潜艇采用水滴形艇体，可在保证水下高航速的同时，降低外壳和水流的摩擦，从而降低噪音。该级艇的性能远超俄罗斯其他现役弹道导弹核潜艇，充分表现出俄罗斯高超的潜艇制造技术。

苏联/俄罗斯“查理”级巡航导弹核潜艇

“查理”（Charlie）级潜艇是苏联研制的巡航导弹核潜艇，一共建造了17艘，在1967～1998年间服役。该级艇是苏联第一种可在水下发射导弹的潜艇，具有良好的隐蔽性，更强大的攻击能力，同时也减少了发射时的暴露机会。“查理”级潜艇装备的主要武器为P-70巡航导弹和P-120巡航导弹。

小档案	
潜航排水量：	4900吨
艇　长　：	103米
艇　宽　：	10米
吃水深度：	8米
潜航速度：	24节

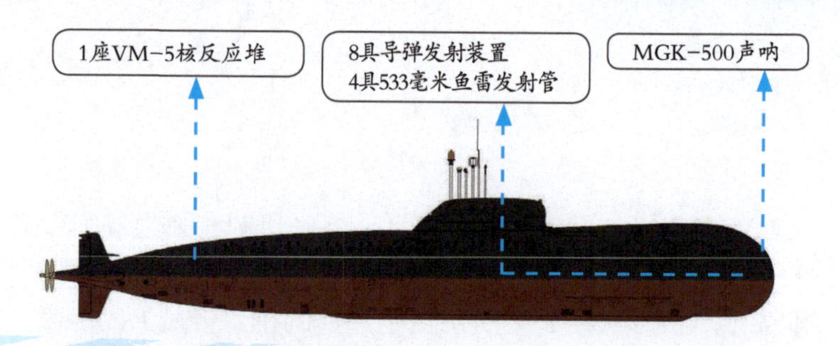

苏联/俄罗斯“奥斯卡”级巡航导弹核潜艇

小档案	
潜航排水量：	19400吨
艇　长　：	155米
艇　宽　：	18.2米
吃水深度：	9米
潜航速度：	32节

“奥斯卡”（Oscar）级潜艇是苏联研制的巡航导弹核潜艇，一共建造了13艘，从1980年服役至今。该级艇是目前世界上吨位最大、威力最强的一种巡航导弹核潜艇，已成为俄罗斯海军反航空母舰的核心力量。“奥斯卡”级潜艇可以发射SS-N-19反舰导弹、SS-N-16反潜导弹、53型鱼雷、65型鱼雷等武器，其中SS-N-19反舰导弹的最大射程达550千米。

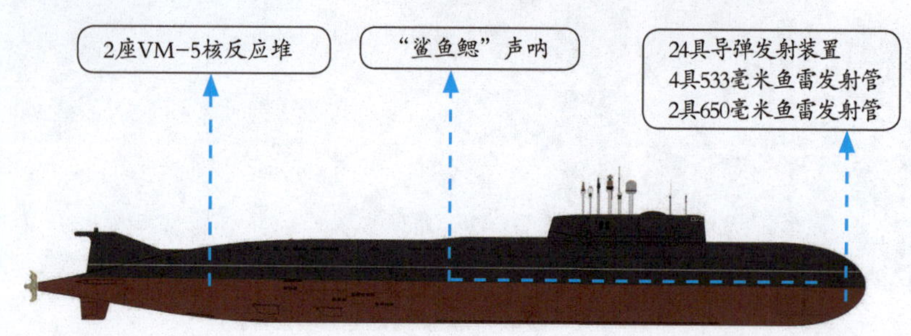

苏联/俄罗斯“基洛”级常规潜艇

小 档 案	
潜航排水量：	3076吨
艇　　长　：	73.8米
艇　　宽　：	9.9米
吃 水 深 度：	16.6米
潜 航 速 度：	20节

6具533毫米鱼雷发射管

2台4DL-42M柴油发动机

MGK-400EM声呐
MG-519EM声呐

“基洛”（Kilo）级潜艇是苏联于 20 世纪 80 年代初开始建造的常规动力潜艇，有“大洋黑洞”之称。截至 2018 年 2 月，该级艇一共建造了 70 艘，除在俄罗斯海军服役外，还被印度、阿尔及利亚、越南和伊朗等国采用。“基洛”级潜艇的最大特点便是优异的静音性，通过各种措施将噪音降到了 118 分贝。潜艇外壳嵌满了塑胶消音瓦，以吸收噪音并衰减敌方主动声呐的声波反射。

苏联/俄罗斯“拉达”级常规潜艇

小 档 案	
潜航排水量：	2700吨
艇　　长　：	72米
艇　　宽　：	7.1米
吃 水 深 度：	6.5米
潜 航 速 度：	21节

“拉达”（Lada）级潜艇是俄罗斯自苏联解体后研制的第一级常规动力潜艇，首艇“圣彼得堡”号于 2010 年开始服役。“拉达”级潜艇的出口衍生型为“阿穆尔”级，叙利亚海军与印度海军均有意购买。“拉达”级潜艇在设计上有诸多创新，包括一套基于现代数据总线技术的自动化指挥和武器控制系统、一套包含拖曳阵在内的声呐装置以及“基洛”级潜艇上的降噪技术。

6具533毫米鱼雷发射管

MGK-400EM声呐

2台D49柴油发动机

英国“勇士”级攻击型核潜艇

小 档 案	
潜航排水量：	4900吨
艇　　长　：	86.9米
艇　　宽　：	10.1米
吃 水 深 度：	8.2米
潜 航 速 度：	29节

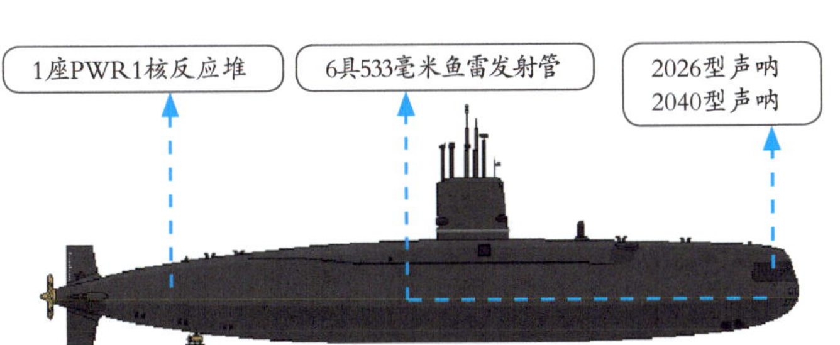

“勇士”（Valiant）级潜艇是英国研制的第一代攻击型核潜艇，一共建造了 5 艘，在 1966 ~ 1994 年间服役。后三艘的设计改动较大，也被单独称为“丘吉尔”（Churchill）级。1967 年，首艇“勇士”号从新加坡潜航返回英国，完成 1.2 万海里航程，创下了英国海军潜艇水下连续航行 25 天的纪录。1982 年 5 月的英阿马岛海战中，四号艇“征服者”号用鱼雷在 15 分钟内击沉了阿根廷海军的“贝尔格拉诺将军”号巡洋舰，这是世界海军作战史上核潜艇首次击沉敌方水面战舰。

小 档 案	
潜航排水量：	4900吨
艇　长　：	82.9米
艇　宽　：	9.8米
吃水深度：	8米
潜航速度：	30节

英国“敏捷”级攻击型核潜艇

“敏捷”（Swiftsure）级潜艇是英国研制的第二代攻击型核潜艇，一共建造了6艘，在1973～2010年间服役。与英国第一代攻击型核潜艇“勇士”级相比，“敏捷”级潜艇的艇体显得丰满、稍短，前水平舵靠前，少一具鱼雷发射管。“敏捷”级潜艇主要用于发现并摧毁敌方潜艇、护卫战略弹道导弹潜艇，必要时也可用来攻击地面目标。

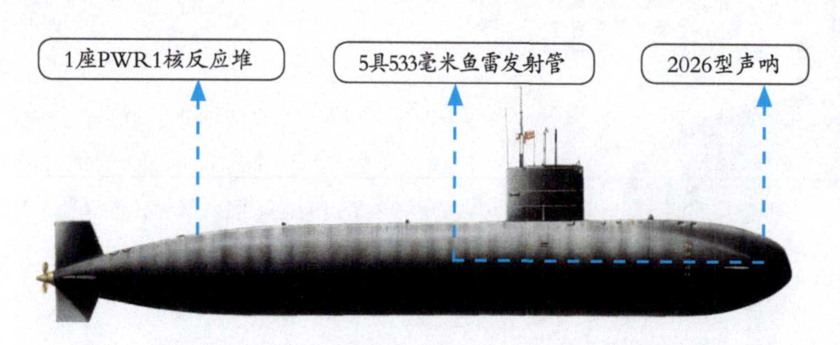

英国“特拉法尔加”级攻击型核潜艇

“特拉法尔加”（Trafalgar）级潜艇是英国第三代攻击型核潜艇，一共建造了7艘。首艇于1979年4月开工，1983年5月服役。截至2018年2月，“特拉法尔加”级潜艇仍有3艘在役。该级艇采用长宽比为8.7∶1的水滴形艇体，接近最佳值，有利于提高航速。艇体为单壳体结构，艇壳使用QN-1型钢制造，艇体外表面铺设消声瓦。“特拉法尔加”级潜艇是同期世界上噪音最低的潜艇之一，具有反潜、反舰和对陆攻击的全面作战能力。

小 档 案	
潜航排水量：	5208吨
艇　长　：	85.4米
艇　宽　：	9.8米
吃水深度：	9.5米
潜航速度：	32节

小 档 案	
潜航排水量：	7800吨
艇　长　：	97米
艇　宽　：	11.3米
吃水深度：	10米
潜航速度：	32节

英国“机敏”级攻击型核潜艇

“机敏”（Astute）级潜艇是英国研制的第四代攻击型核潜艇，一共建造了2艘，从2010年服役至今。该级艇采用模块化设计，使系统维修升级更加简单，原来需要2～3天才能完成安装的动力系统，只需要5小时左右就可安装完毕。“机敏”级潜艇可以发射“旗鱼”鱼雷、“鱼叉”反舰导弹和“战斧”对陆攻击巡航导弹，鱼雷和导弹的装载总量为38枚，也可携带水雷作战。

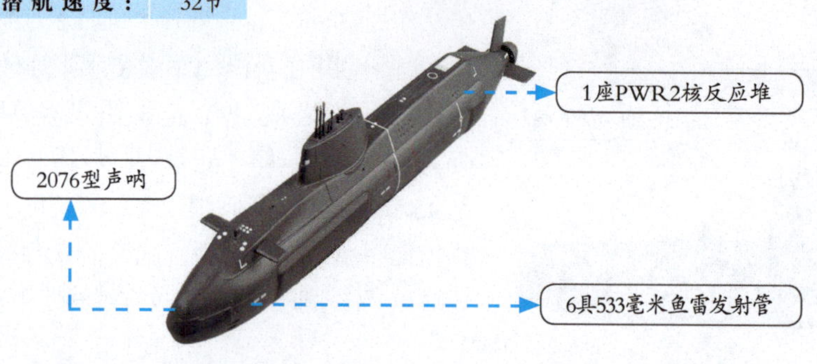

小档案	
潜航排水量：	8500吨
艇　　长　：	129.5米
艇　　宽　：	10.1米
吃水深度：	9.1米
潜航速度：	25节

英国“决心”级弹道导弹核潜艇

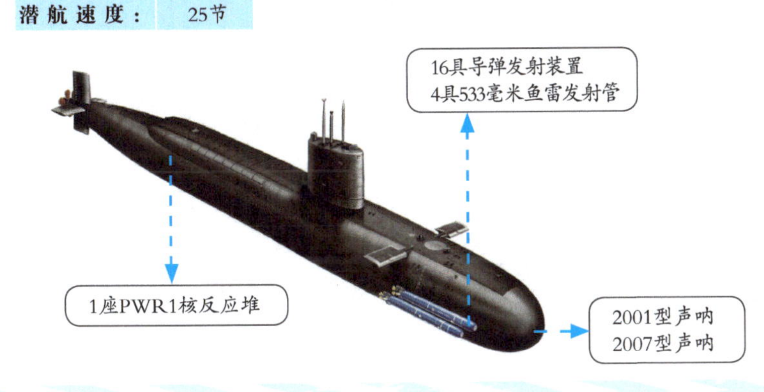

“决心”（Resolution）级潜艇是英国研制的第一代弹道导弹核潜艇，一共建造了4艘，在1968～1996年间服役。该级艇的艇体采用近似拉长的水滴形，有利于水下航行。艇艏水线以下设有6具鱼雷发射管，呈双排纵列布置。指挥台围壳相对较小，其后是弹道导弹垂直发射装置，左、右舷各一排，每排8具。“决心”级潜艇主要发射英国从美国购买的“北极星”A3弹道导弹。

小档案	
潜航排水量：	15900吨
艇　　长　：	149.9米
艇　　宽　：	12.8米
吃水深度：	12米
潜航速度：	25节

英国“前卫”级弹道导弹核潜艇

“前卫”（Vanguard）级潜艇是英国于20世纪80年代研制的第二代弹道导弹核潜艇，一共建造了4艘，从1993年服役至今。该级艇采用水滴形艇体，艇的长宽比为11.7∶1，略显瘦长。艇体结构为单双壳体混合型，有利于降低艇体阻力和提高推进效率。艇体外形光顺，航行阻力较低，并铺有消声瓦。该级艇装备了世界上最先进的“三叉戟”Ⅱ型导弹，一共16枚。

小档案	
潜航排水量：	2455吨
艇　　长　：	70.3米
艇　　宽　：	7.6米
吃水深度：	5.5米
潜航速度：	20节

英国“拥护者”级常规潜艇

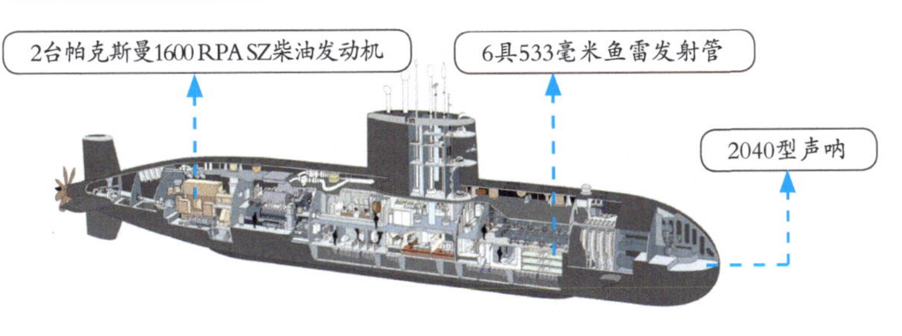

“拥护者”（Upholder）级潜艇是英国在20世纪70年代末期研制的常规潜艇，一共建造了4艘，从1990年服役至今。该级艇采用单艇壳的水滴形艇体，艇身由高张力钢制成，可使其拥有较高的潜航速度。艇身长宽比较高，且压力壳直径大，使得艇内拥有两层广阔的甲板。“拥护者”级潜艇可以发射“鱼叉”反舰导弹、“虎鱼”鱼雷和“剑鱼”鱼雷等武器。

小 档 案	
潜航排水量：	2600吨
艇　　长　：	72.1米
艇　　宽　：	7.6米
吃 水 深 度：	6.4米
潜 航 速 度：	25节

法国“红宝石”级攻击型核潜艇

“红宝石”（Rubis）级潜艇是法国研制的第一代攻击型核潜艇，一共建造了6艘，从1983年服役至今。该级艇的艇体较小，限制了武器荷载、动力输出、持续航行能力以及乘员起居空间等，舰体内部也没有空间安装完善的隔音、减噪、避振设施，导致动力设备传入海中的噪音过大。不过，较小的艇体使“红宝石”级潜艇拥有较佳的操控性与灵活度。艇上可携带鱼雷和导弹共18枚，在执行布雷任务时可携带各型水雷。

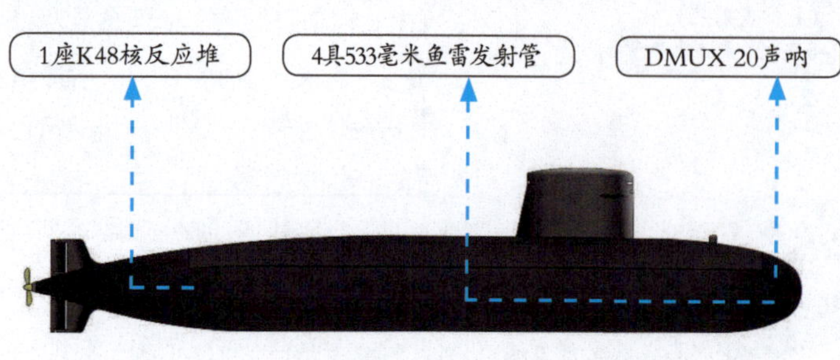

法国“梭鱼”级攻击型核潜艇

小 档 案	
潜航排水量：	5300吨
艇　　长　：	99.5米
艇　　宽　：	8.8米
吃 水 深 度：	7.3米
潜 航 速 度：	25节

“梭鱼”（Barracuda）级潜艇是法国正在建造的最新一级攻击型核潜艇，计划建造6艘，首艇预计于2018年内开始服役。该级艇采用先进的流体力学设计，艇体长宽比为11 ∶ 1。艇壳直径8.8米，指挥台围壳居中靠近艇艏，显得苗条而又简洁。动力装置采用了一体化压水堆、电力推进技术和泵喷推进器，并大量应用了减振、降噪技术。

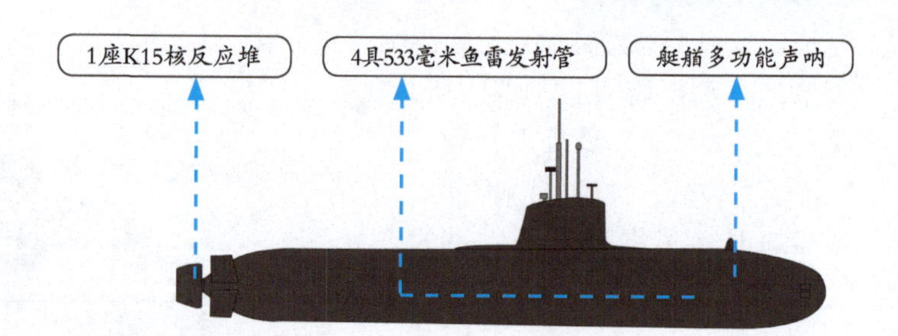

小 档 案	
潜航排水量：	9000吨
艇　　长　：	128米
艇　　宽　：	10.6米
吃 水 深 度：	10米
潜 航 速 度：	25节

法国“可畏”级弹道导弹核潜艇

“可畏”（Redoutable）级潜艇是法国建造的弹道导弹核潜艇，一共建造了6艘，在1971～2008年间服役。该级艇的建造服役使法国真正拥有了水下战略核力量，在法国海军史上具有举足轻重的地位。“可畏”级潜艇的外形和总体布置等方面与美国“拉斐特”级潜艇十分相似，艇体近似水滴形，长宽比为12 ∶ 1。该级艇没有沿用法国潜艇传统的双壳体设计，采用了单壳体结构。

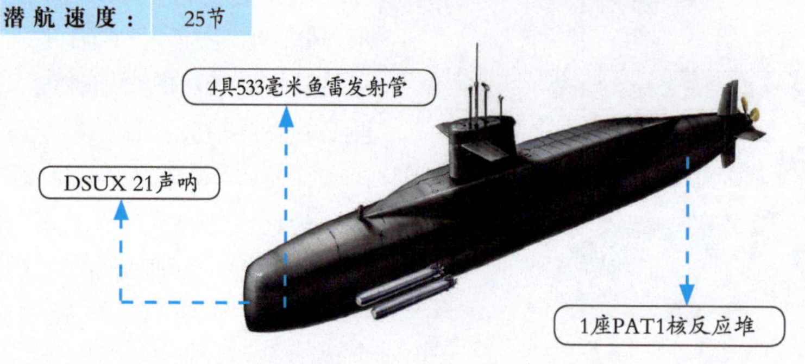

法国“凯旋”级弹道导弹核潜艇

小档案	
潜航排水量：	14335吨
艇长：	138米
艇宽：	12.5米
吃水深度：	12.5米
潜航速度：	25节

“凯旋”（Triomphant）级潜艇是法国建造的弹道导弹核潜艇，一共建造了 4 艘，从 1997 年服役至今。该级艇的艇体为细长水滴形，长宽比为 11 ∶ 1，具有光顺的流线形表面。指挥台围壳居中靠近艇艏，围壳前部有围壳舵。艇壳材料采用 HLES−100 高强度钢，使其下潜深度可达 500 米。“凯旋”级潜艇可以发射 M−51 弹道导弹、“飞鱼”反舰导弹、L5−3 型鱼雷等武器。

法国“桂树神”级常规潜艇

“桂树神”（Daphne）级潜艇是法国研制的常规动力潜艇，又称为“女神”级，法国海军一共装备了 11 艘，在 1964 ～ 2010 年间服役。此外，该级艇还出口到巴基斯坦、葡萄牙、南非和西班牙等国。“桂树神”级潜艇大小适宜、水下航速快、噪音较小，并装有较强的电子设备，适于反潜使用。

小档案	
潜航排水量：	1038吨
艇长：	57.8米
艇宽：	6.8米
吃水深度：	4.6米
潜航速度：	16节

法国“阿格斯塔”级常规潜艇

小档案	
潜航排水量：	1760吨
艇长：	67.6米
艇宽：	6.8米
吃水深度：	5.4米
潜航速度：	20节

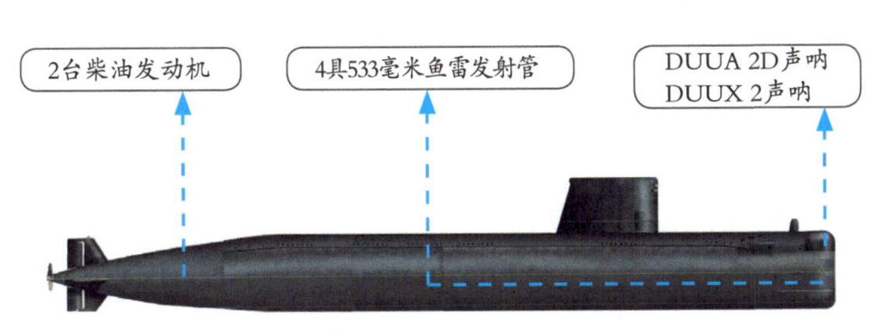

“阿格斯塔”（Agosta）级潜艇是法国在 20 世纪 70 年代建造的常规动力潜艇，法国海军一共装备了 4 艘，在 1977 ～ 2001 年间服役。该级艇沿用了法国老式潜艇的双壳体结构，双层壳体之间布置了压载水舱和燃油舱。艇艏圆钝，横剖面呈椭圆形。艇体中部为圆柱形流线体，艇艉尖瘦。“阿格斯塔”级潜艇可以发射 Z16 型、E14 型、E15 型、L3 型、L5 型和 F17P 型等鱼雷，也可发射“飞鱼”反舰导弹和 MC23 型水雷。

法国/西班牙“鲉鱼”级常规潜艇

小 档 案	
潜航排水量:	2000吨
艇　长　:	76.2米
艇　宽　:	6.2米
吃水深度:	5.5米
潜航速度:	20节

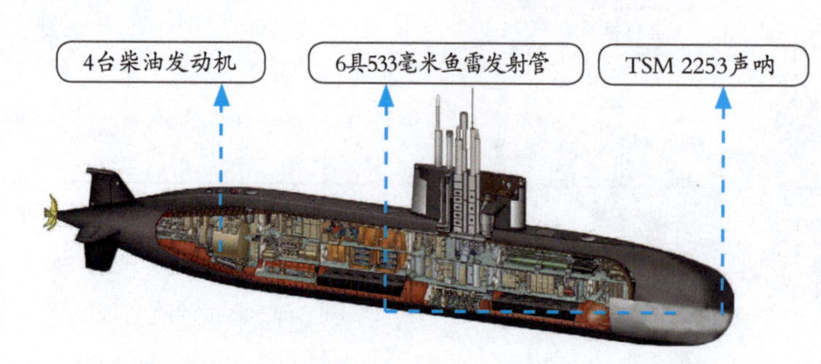

“鲉鱼”（Scorpène）级潜艇是法国和西班牙于21世纪初联合研制的出口型常规动力潜艇，结合了两国潜艇的设计理念，技术灵活，性能先进，可加装“不依赖空气推进”（AIP）动力系统，已成功销往智利、马来西亚、印度和巴西等国。“鲉鱼”级潜艇采用单壳体的水滴形艇体，并尽可能减少艇体外部附属物的数量，设有指挥台围壳舵和十字形尾舵，其耐压壳体采用高拉伸的HLES80钢材建造，重量较轻，可使艇上装载更多的燃料和弹药。

德国205级常规潜艇

205级潜艇是德国在20世纪60年代研制的常规动力潜艇，一共建造了13艘，在1967 ~ 2005年间服役。该级艇是在德国于二战后研制的201级潜艇的基础上加长艇身、改换新型机械与声呐系统的改进型。它采用单层壳体结构，以便能在浅滩处航行。205级潜艇使用ST-52钢板替代了201级潜艇上使用的防磁钢板，因为201级潜艇使用的防磁钢板在服役中出现了严重的裂纹缺陷。

小 档 案	
潜航排水量:	508吨
艇　长　:	43.9米
艇　宽　:	4.6米
吃水深度:	4.3米
潜航速度:	17节

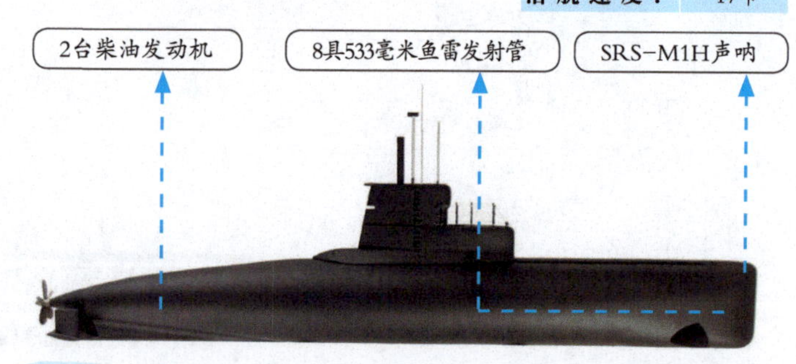

德国206级常规潜艇

小 档 案	
潜航排水量:	498吨
艇　长　:	48.6米
艇　宽　:	4.6米
吃水深度:	4.5米
潜航速度:	17节

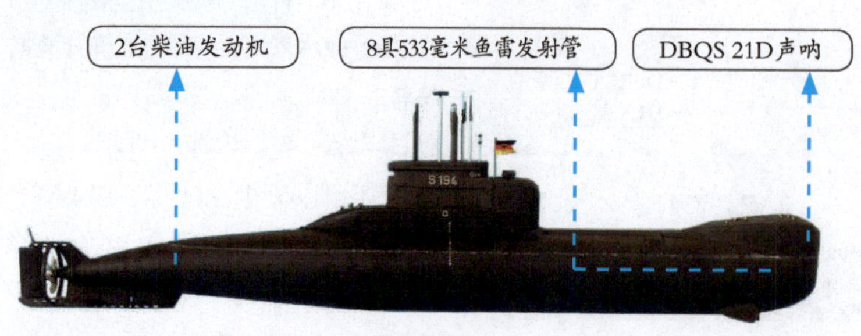

206级潜艇是德国哈德威造船厂研制的小型常规动力潜艇，一共建造了18艘，在1971 ~ 2011年间服役。该级艇的艇体采用ST-52防磁钢板，具有极好的弹力和动力强度，可抵消磁性水雷的威胁，并削弱敌方磁场探测器的搜索能力。206级潜艇可以发射DM2A1型鱼雷或DM2A3型鱼雷，也可携带24枚水雷。冷战期间，小巧灵活的206级潜艇被部署在波罗的海浅水处。

德国209级常规潜艇

小 档 案	
潜航排水量：	1810吨
艇　　长　：	64.4米
艇　　宽　：	6.5米
吃 水 深 度：	6.2米
潜 航 速 度：	21.5节

209 级潜艇是德国在 20 世纪 70 年代研制的一种常规动力潜艇，一共建造了 61 艘，从 1971 年服役至今。其艇型根据各购买国的要求，先后建成 1100 型、1200 型、1300 型、1400 型、1500 型以及 1700 型，并有部分艇由购买国自行建造。各艇型的吨位、武器装备略有差异，但技术性能大体相同。209 级潜艇的操控自动化水平较高，仅需 31 ~ 40 名艇员，比相同吨位的其他常规潜艇减少了三分之一以上。

德国212级常规潜艇

小 档 案	
潜航排水量：	1800吨
艇　　长　：	51米
艇　　宽　：	6.4米
吃 水 深 度：	6.5米
潜 航 速 度：	21节

212 级潜艇是德国研制的常规动力潜艇，配备了“不依赖空气推进”系统。该级艇计划建造 18 艘，首艇于 1998 年开工建造，2005 年开始服役。截至 2018 年 2 月，212 级潜艇已有 6 艘在德国海军服役，4 艘在意大利海军服役。212 级潜艇采用水滴形艇体，艏部略微下沉，艉部呈尖锥形。有别于德国常规潜艇传统的单壳体结构，212 级潜艇采用混合式壳体，即大部分艇体采用单壳体，其余部分为双壳体。

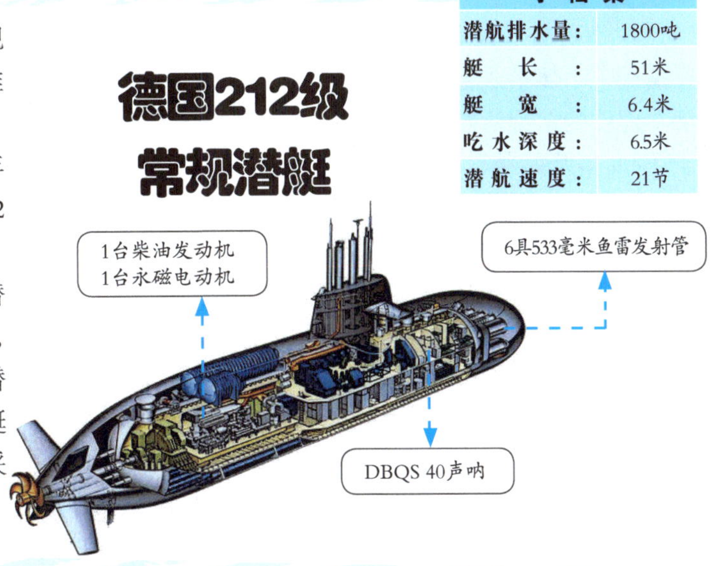

德国214级常规潜艇

小 档 案	
潜航排水量：	1980吨
艇　　长　：	65米
艇　　宽　：	6.3米
吃 水 深 度：	6米
潜 航 速 度：	20节

214 级潜艇是德国在 209 级潜艇的基础上改进而来的新型常规潜艇，计划建造 23 艘，首艇于 2007 年开始服役，截至 2018 年 2 月已有 13 艘入役，主要用户为希腊海军、韩国海军、葡萄牙海军、土耳其海军。214 级潜艇被设计成可执行包括从近海作战到远洋巡逻等多种任务，装备现代化、模块化武器系统，并与传感器融合在一起，加上“不依赖空气推进”系统，使其具备以下能力：反舰和反潜作战；监视、侦察任务；秘密布雷和收集情报；参加特遣部队，完成训练和作战任务。

意大利“萨乌罗”级常规潜艇

小 档 案	
潜航排水量：	1641吨
艇 长 ：	63.9米
艇 宽 ：	6.8米
吃 水 深 度：	5.6米
潜 航 速 度：	19节

“萨乌罗”（Sauro）级潜艇是意大利于20世纪70年代建造的常规动力潜艇，一共建造了8艘，首艇于1978年开始服役。截至2018年2月，该级艇仍有4艘在意大利海军服役。“萨乌罗”级潜艇采用水滴形艇体、单壳体结构，耐压壳体由HY80高强度钢制造。该级艇在设计上十分重视提高隐蔽性，其主要任务包括反潜、反舰、巡逻和破坏海上交通线，运送突击队员等。

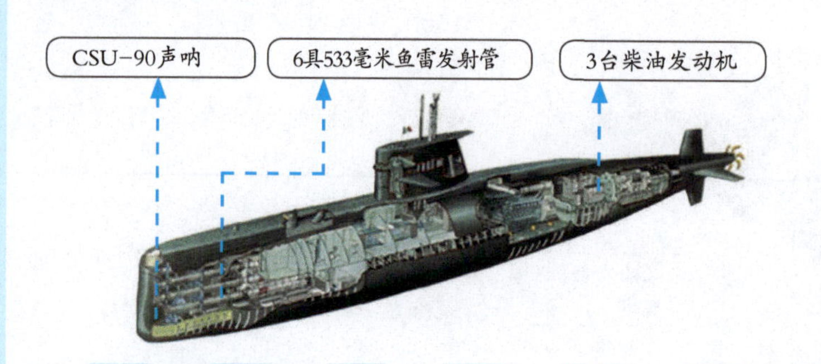

以色列“海豚”级常规潜艇

“海豚”（Dolphin）级潜艇是德国哈德威造船厂为以色列海军建造的常规动力潜艇，首艇于1999年开始服役。截至2018年2月，该级艇已有5艘入役。“海豚”级潜艇是德国209级潜艇和212级潜艇的改良型。与212级艇相似，“海豚”级潜艇最大的特色在于它多出了一段可供两栖特战人员进出的舱段，可装载潜水推送器以执行输送特种部队的任务，以便进行侦察和渗透作战。

小 档 案	
潜航排水量：	1900吨
艇 长 ：	57米
艇 宽 ：	6.8米
吃 水 深 度：	6.2米
潜 航 速 度：	21.5节

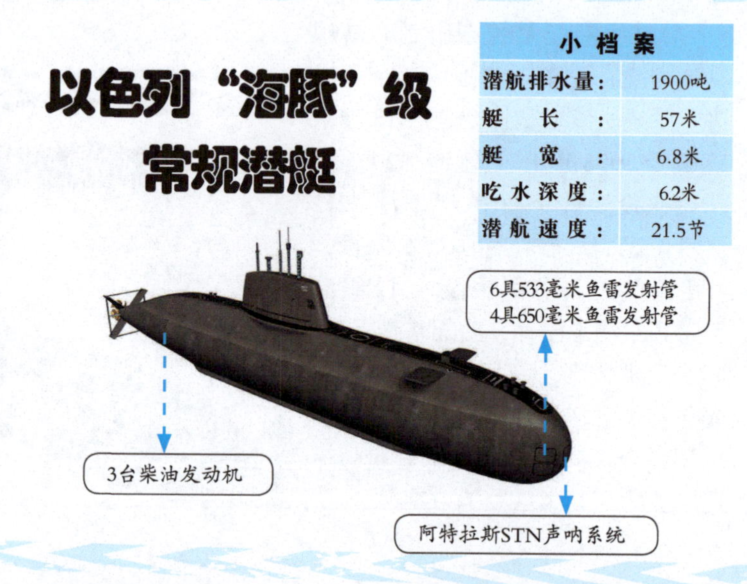

瑞典“西约特兰”级常规潜艇

小 档 案	
潜航排水量：	1150吨
艇 长 ：	48.1米
艇 宽 ：	6.1米
吃 水 深 度：	5.6米
潜 航 速 度：	20节

“西约特兰”（Västergötland）级潜艇是瑞典在20世纪80年代研制的常规动力潜艇，一共建造了4艘，从1987年服役至今。该级艇采用了分段建造法，即潜艇的首段、中段和尾段分别建造，建好后再运至一个船厂集中组装，因而大大提高了建造速度。为了适应瑞典海域较浅的特点，该级艇在设计上注重提高浅水活动能力，耐压壳体具有承受75米距离爆炸冲击的能力。

瑞典“哥特兰”级常规潜艇

小 档 案	
潜航排水量：	1599吨
艇 长 ：	60.4米
艇 宽 ：	6.2米
吃 水 深 度：	5.6米
潜 航 速 度：	20节

“哥特兰”（Gotland）级潜艇是世界上较早配备“不依赖空气推进”系统的常规潜艇，一共建造了 3 艘，从 1996 年服役至今。该级艇的艇体为长水滴形，采用单壳体结构，其耐压艇体由 HY–80 和 HY–100 高强度合金钢制造。整个艇体由双层耐压隔壁分为两个水密舱，使潜艇的舱室空间得到充分利用，以利于改善艇员的居住和生活条件。

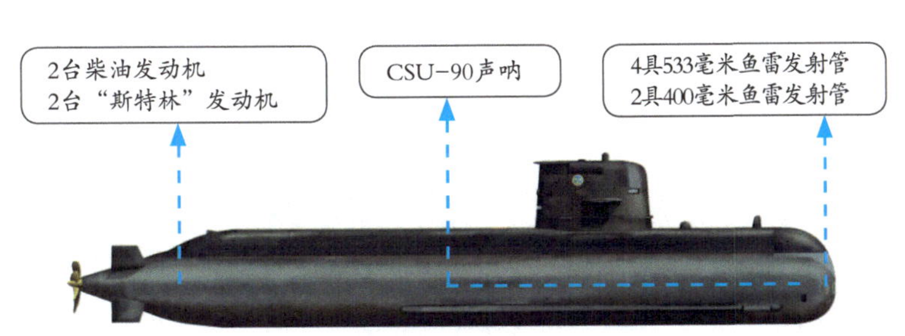

荷兰“旗鱼”级常规潜艇

小 档 案	
潜航排水量：	2620吨
艇 长 ：	66.9米
艇 宽 ：	8.4米
吃 水 深 度：	7.1米
潜 航 速 度：	20节

“旗鱼”（Zwaardvis）级潜艇是荷兰于 20 世纪 60 年代研制的常规潜艇，一共建造了 4 艘，在 1972 ~ 1995 年间服役。该级艇采用单壳结构的水滴形艇体，前水平翼设在帆罩上，艇艉设有十字形尾翼。舰上鱼雷舱可容纳 14 枚鱼雷，主要使用 Mk 37 型、Mk 48 型和 NT–37 型等鱼雷。“旗鱼”级潜艇的鱼雷管为游出式，故无法发射导弹或水雷。

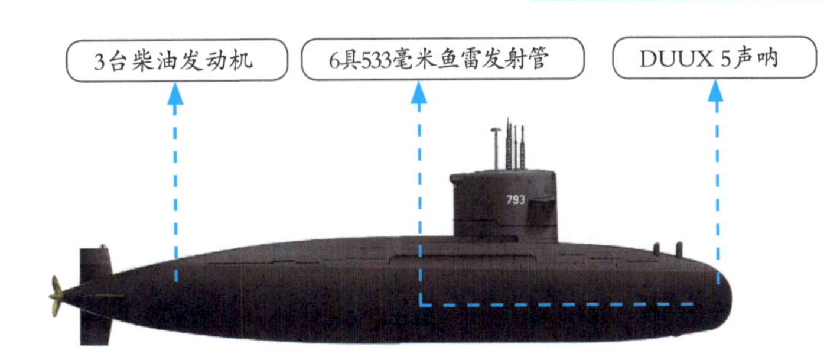

荷兰“海象”级常规潜艇

小 档 案	
潜航排水量：	2800吨
艇 长 ：	67.7米
艇 宽 ：	8.4米
吃 水 深 度：	6.6米
潜 航 速 度：	25节

“海象”（Walrus）级潜艇是荷兰研制的常规动力潜艇，一共建造了 4 艘，从 1990 年服役至今。“海象”级潜艇是在“旗鱼”级潜艇的基础上改进而来，舰体尺寸、排水量、外观均与后者相近。艇体与“旗鱼”级潜艇一样为水滴形，但艉控制面为 X 形，提高了操纵性能。这不仅与“旗鱼”级潜艇不同，也与西方国家其他潜艇惯用的十字形尾翼不同。

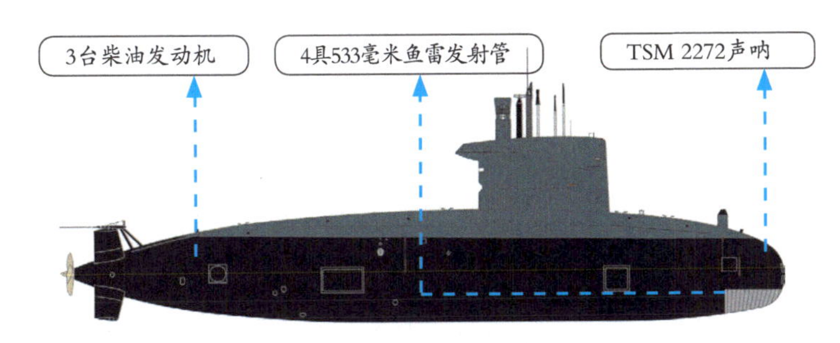

澳大利亚“柯林斯”级常规潜艇

小档案

潜航排水量：	3353吨
艇　长　：	77.8米
艇　宽　：	7.8米
吃水深度：	6.8米
潜航速度：	20节

“柯林斯”（Collins）级潜艇是瑞典考库姆公司为澳大利亚海军建造的常规动力潜艇，一共建造了6艘，从1996年服役至今。该级艇能够发射Mk 48型线导主/被动寻的鱼雷，这种鱼雷在55节速度时的射程为38千米，40节速度时的射程为50千米，其弹头重达267千克。此外，“柯林斯”级潜艇还能发射“鱼叉”反舰导弹。艇上共可携带22枚导弹或鱼雷，以及44枚水雷。

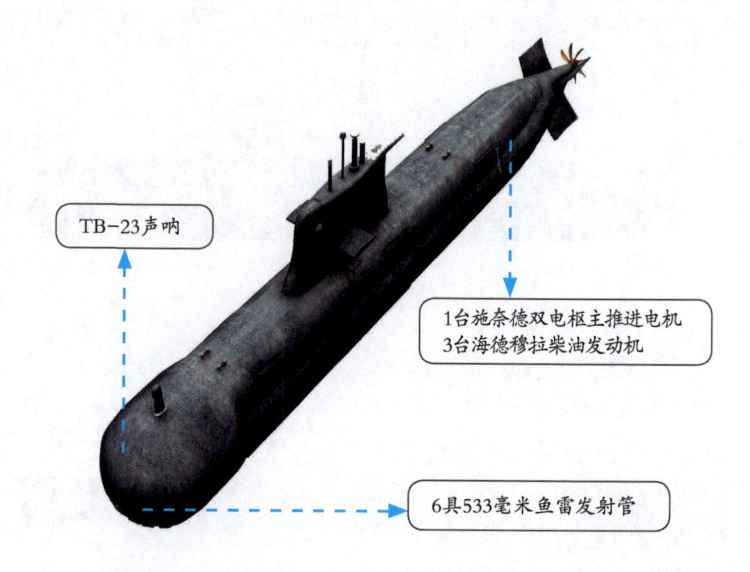

日本“汐潮”级常规潜艇

小档案

潜航排水量：	2900吨
艇　长　：	76米
艇　宽　：	9.9米
吃水深度：	7.4米
潜航速度：	20节

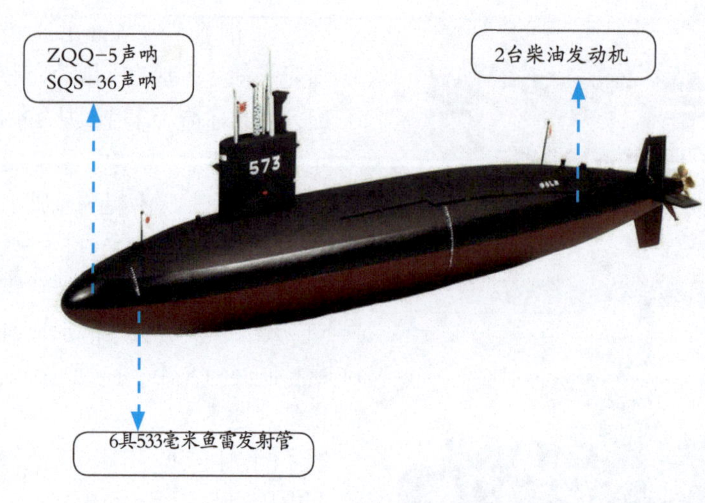

“汐潮”（Yūshio）级潜艇是由日本三菱重工和川崎重工建造的常规动力潜艇，一共建造了10艘，在1980～2006年间服役。该级艇采用双壳结构的水滴形艇体，十字形尾翼与艇艏水平翼位于帆罩上。在建造“汐潮”级潜艇的十年间，电子科技的进步相当迅速，导致“汐潮”级早期型与后期型在装备上有不小的差别。该级艇可以发射美制Mk 37C型鱼雷或日本自制的89式鱼雷，还可以发射美制“鱼叉”反舰导弹。

日本“春潮”级常规潜艇

小档案

潜航排水量：	3200吨
艇 长 ：	77米
艇 宽 ：	10米
吃水深度：	7.7米
潜航速度：	20节

“春潮”（Harushio）级潜艇是日本于 20 世纪 80 年代末开始建造的常规动力潜艇，一共建造了 7 艘，从 1990 年服役至今。“春潮”级潜艇在设计上延续“涡潮”级、“汐潮”级一脉相承的基本构型，包括双壳水滴形艇体、十字形尾舵、单轴、前水平翼位于帆罩上等。不过，“春潮”级潜艇的艇体长度增加了 1 米，艇体直径也略微增加，排水量增大。在艇员居住舒适性、舰体材料、潜航续航力、静音能力、水下侦测等方面也有许多改进。

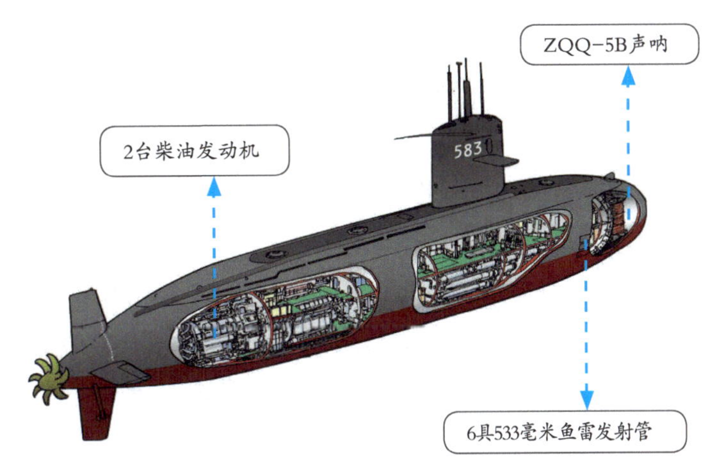

日本“亲潮”级常规潜艇

小档案

潜航排水量：	4000吨
艇 长 ：	81.7米
艇 宽 ：	8.9米
吃水深度：	7.4米
潜航速度：	20节

2台柴油发动机

ZQQ-6声呐

6具533毫米鱼雷发射管

“亲潮”（Oyashio）级潜艇是日本于 20 世纪 90 年代初开始建造的常规潜艇，一共建造了 11 艘，从 1998 年服役至今。该级艇沿袭了日本潜艇惯用的水滴形艇体设计，但与“春潮”级和“汐潮”级潜艇的双壳结构不同，“亲潮”级潜艇改用单壳、双壳并用的复合结构，艇身的排水口大幅减少。艇内共有 20 枚鱼雷和导弹，包括最大射程 50 千米的 89 式线导鱼雷和“鱼叉”反舰导弹。

日本“苍龙”级常规潜艇

小档案

潜航排水量：	4200吨
艇长：	84米
艇宽：	9.1米
吃水深度：	8.5米
潜航速度：	20节

“苍龙”（Sōryū）级潜艇是日本在二战后建造的吨位最大的潜艇，计划建造14艘，首艇于2009年开始服役。截至2018年2月，该级艇已有8艘入役。“苍龙”级潜艇的外形与“亲潮”级潜艇基本相同，艇上装载的鱼雷和反舰导弹等各种武器也与“亲潮”级潜艇相同，但是艇上武器装备的管理却采用了新型艇内网络系统。“苍龙”级潜艇在艇体上层建筑的外表面铺设了声反射材料，使潜艇的声隐身性能进一步提高。

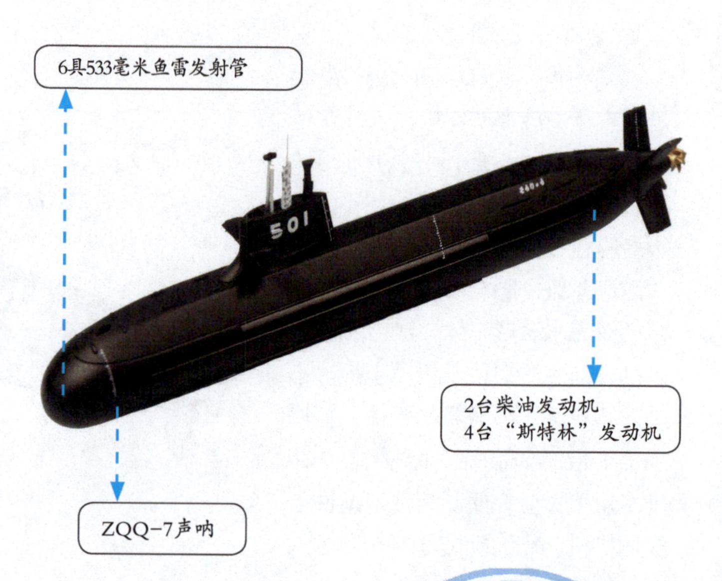

印度“歼敌者”级弹道导弹核潜艇

小档案

潜航排水量：	6000吨
艇长：	112米
艇宽：	11米
吃水深度：	9米
潜航速度：	22节

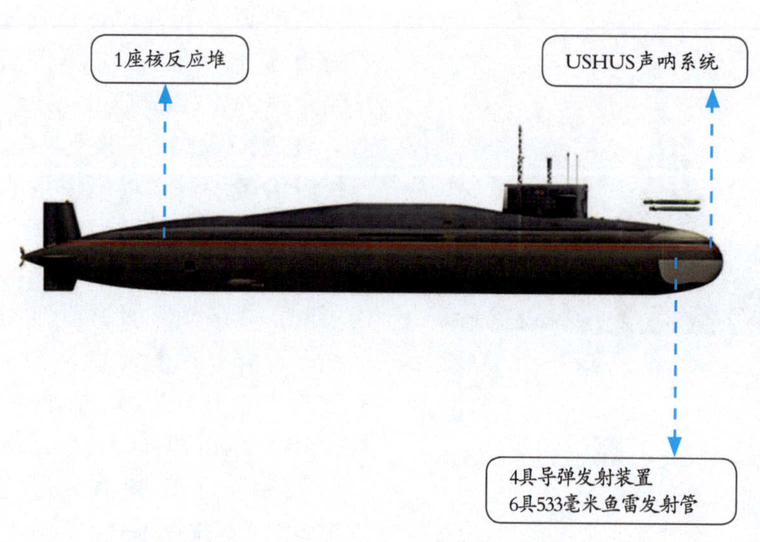

“歼敌者”（Arihant）级潜艇是印度研制的第一种核动力潜艇，计划建造4艘，首艇于1997年开工建造，2009年7月下水，2016年8月开始服役。该级艇的单艘造价约29亿美元，可配备12枚最大射程超过700千米的K-15“海洋”弹道导弹，或者K-X“烈火”3弹道导弹。此外，还可携带6枚533毫米鱼雷。“歼敌者”级潜艇的服役，意味着印度从此拥有从水下发射核武器的能力。

第7章

两栖攻击舰入门

两栖攻击舰是一种用来在敌方沿海地区进行两栖作战时，在战线后方提供空中与水面支援的军舰。它能够搭载飞机和运输坦克、登陆部队等陆战力量，其内部设计异于航空母舰，很多空间用于装备登陆力量。本章主要介绍冷战以来世界各国建造的经典两栖攻击舰，每种两栖攻击舰都简明扼要地介绍了其建造背景和作战性能，并有准确的参数表格。

小档案	
满载排水量：	18474吨
舰　长　：	180米
舰　宽　：	26米
吃水深度：	8.2米
最高航速：	22节

美国“硫磺岛”级两栖攻击舰

“硫磺岛”（Iwo Jima）级两栖攻击舰是美国于20世纪50年代研制的第一代两栖攻击舰，一共建造了7艘，在1961～2002年间服役。该级舰的外形很像直升机航空母舰，拥有岛式上层建筑和全通式飞行甲板，但没有船坞设施。飞行甲板下设有机库，并配备了飞机升降机。“硫磺岛”级两栖攻击舰的装载量较大，可装载一个直升机中队（约30架直升机）和一个海军陆战队加强营（约2000人及其装备）。

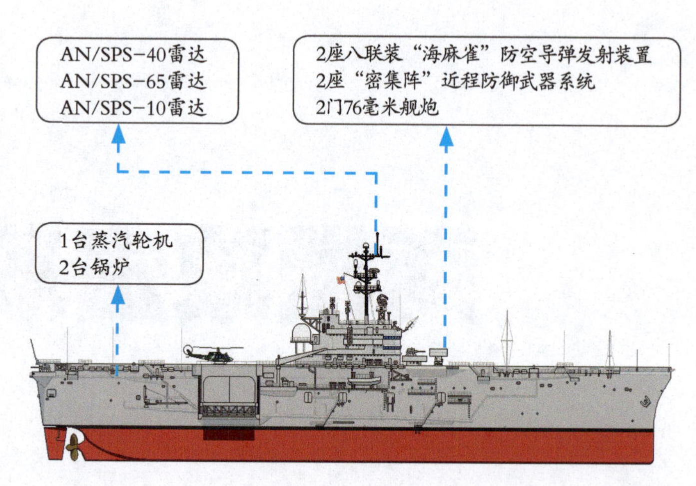

美国“塔拉瓦”级两栖攻击舰

小档案	
满载排水量：	39967吨
舰　长　：	254米
舰　宽　：	40.2米
吃水深度：	7.9米
最高航速：	24节

AN/SPS-52C雷达
AN/SPS-40B雷达
AN/SPS-67雷达

2座“拉姆”防空导弹发射装置
2座“密集阵”近程防御武器系统
6门25毫米舰炮

2台蒸汽轮机
2台锅炉

“塔拉瓦”（Tarawa）级两栖攻击舰是美国于20世纪70年代设计建造的大型通用两栖攻击舰，一共建造了5艘，1976年5月开始服役，2015年3月全部退役。该级舰采用通长甲板，高干舷，甲板下为机库。甲板整体为方形，舰艏略窄。舰上可搭载1700余名登陆作战人员，并可装载登陆艇、登陆车辆、垂直/短距起降攻击机、直升机等多种装备。

美国“黄蜂”级两栖攻击舰

小 档 案

满载排水量：	40500吨
舰　　长　：	253.2米
舰　　宽　：	31.8米
吃 水 深 度：	8.1米
最 高 航 速：	22节

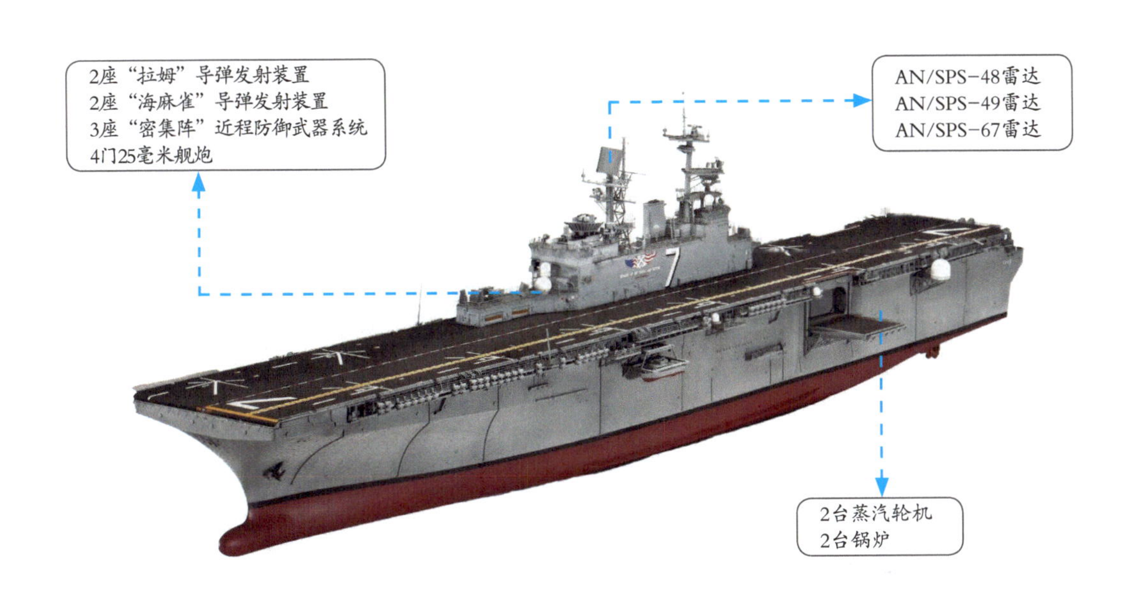

“黄蜂”（Wasp）级两栖攻击舰是美国于 20 世纪 80 年代中期开始建造的两栖攻击舰，一共建造了 8 艘，截至 2018 年 2 月仍全部在役。该级舰的主要任务是支援登陆作战，其次是执行制海任务。“黄蜂”级的外形与“塔拉瓦”级相似，并使用相同的动力系统，但是“黄蜂”级在设计与概念上有重大改良，并且功能更多。与“塔拉瓦”级相同，“黄蜂”级拥有两座供运送航空器用的大型升降机，皆为甲板边缘升降机。

▲ “黄蜂”级两栖攻击舰正前方视角

▲ “黄蜂”级两栖攻击舰在大洋中航行

美国“美利坚”级两栖攻击舰

小档案

满载排水量：	45570吨
舰　长　：	257.3米
舰　宽　：	32.3米
吃水深度：	8.7米
最高航速：	20节

“美利坚”（America）级两栖攻击舰是美国正在建造的新一代两栖攻击舰，计划建造11艘，首舰于2014年10月开始服役。该级舰主要作为两栖登陆作战中空中支援武力的投射平台，完全省略了坞舱的设计，节约出来的空间被用来建造两座宽敞的维修舱。相较于美国海军以往的两栖攻击舰，“美利坚”级拥有更大的机库、经重新设计与扩大的航空维修区、大幅扩充的零件与支援设备储存空间，以及更大的油料库。

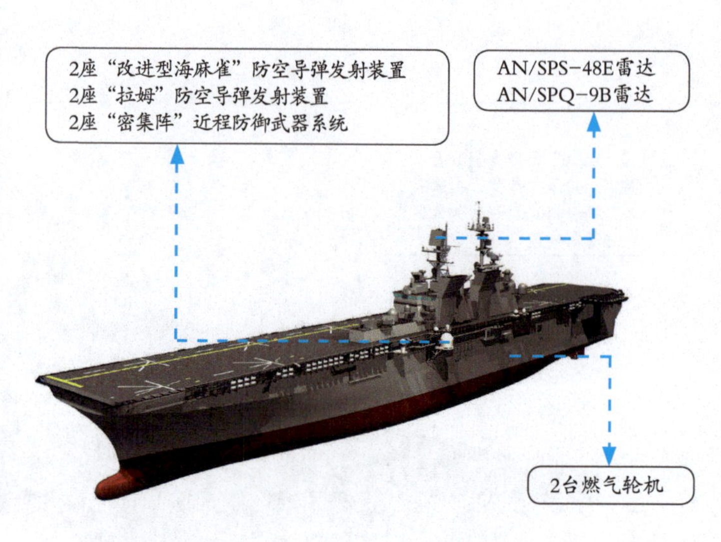

英国“海洋”号两栖攻击舰

小档案

满载排水量：	21500吨
舰　长　：	203.4米
舰　宽　：	35米
吃水深度：	6.5米
最高航速：	18节

996型雷达

3座“密集阵”近程防御武器系统
4座双联装30毫米高平两用炮

2台柴油发动机

“海洋”（Ocean）号两栖攻击舰是英国于20世纪90年代建造的两栖攻击舰，1998年9月开始服役。该舰的设计衍生自“无敌”级航空母舰，为了最大化降低成本，整体防护性能有一定程度的下降。由于任务需求不同，“无敌”级航空母舰的部分设计并没有用在“海洋”号两栖攻击舰上，例如没有滑跃甲板，岛式上层建筑较小，舷宽也略有差异。截至2018年2月，“海洋”号两栖攻击舰仍然在役。

法国“西北风”级两栖攻击舰

小档案	
满载排水量：	21300吨
舰　长　：	199米
舰　宽　：	32米
吃水深度：	6.3米
最高航速：	18.8节

“西北风”（Mistral）级两栖攻击舰是法国于 20 世纪 90 年代末设计建造的两栖攻击舰，法国海军一共装备了 3 艘，从 2005 年服役至今。该级舰采用模块化方式建造，可节省建造时间，全舰分为前、后、左、右四个大型模块船段。为了增强抵抗战损的能力，“西北风”级采用双层船壳构造，拥有简洁的整体造型，上层建筑与桅杆均为封闭式设计，烟囱整合于后桅杆结构后方，部分部位采用能吸收雷达波的复合材料，能降低整体雷达截面积与红外线信号。

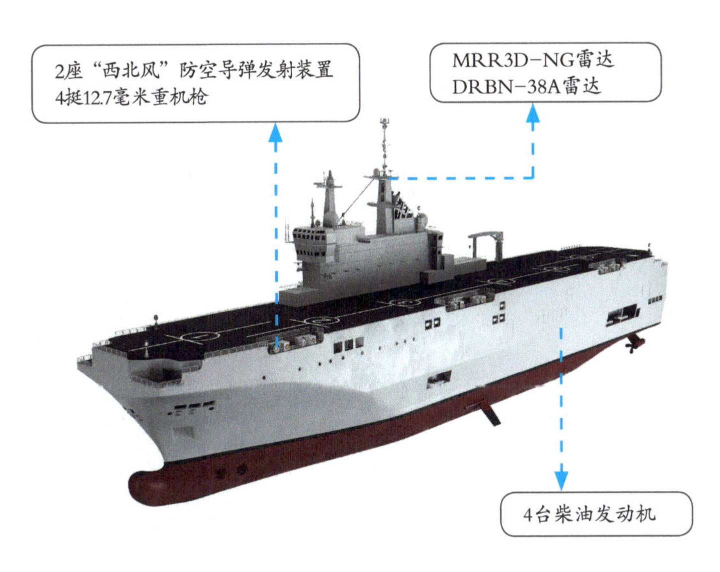

意大利“圣·乔治奥”级两栖攻击舰

小档案	
满载排水量：	7665吨
舰　长　：	137米
舰　宽　：	20.5米
吃水深度：	5.3米
最高航速：	21节

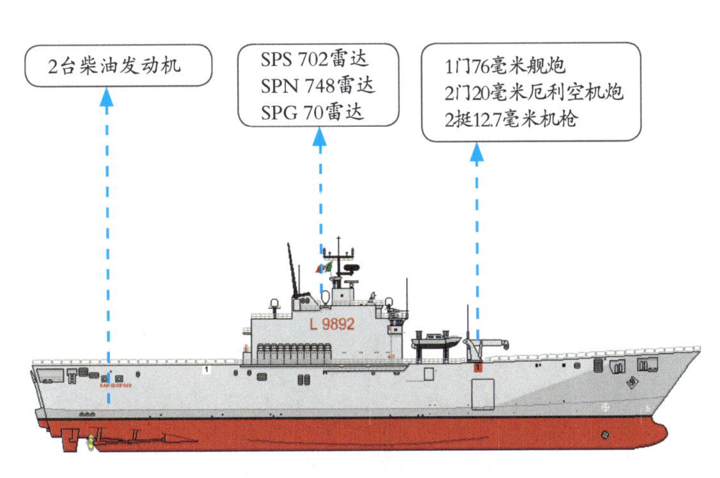

“圣·乔治奥”（San Giorgio）级两栖攻击舰是意大利于 20 世纪 80 年代研制的两栖攻击舰，一共建造了 3 艘，从 1987 年服役至今。该级舰采用类似航空母舰的舰型，艏部水线以上较宽，圆弧过渡到后部舰体，这样对艏门及跳板的布置十分有利。舰体从飞行甲板首端起至舰艉宽度几乎一致，有利于舰内舱室的布置。为了进行有力的支援，舰上除了登陆装备比较齐全外，还配有先进的医疗设施。

韩国“独岛”级两栖攻击舰

小档案

满载排水量：	18000吨
舰　长　：	199米
舰　宽　：	31米
吃水深度：	7米
最高航速：	23节

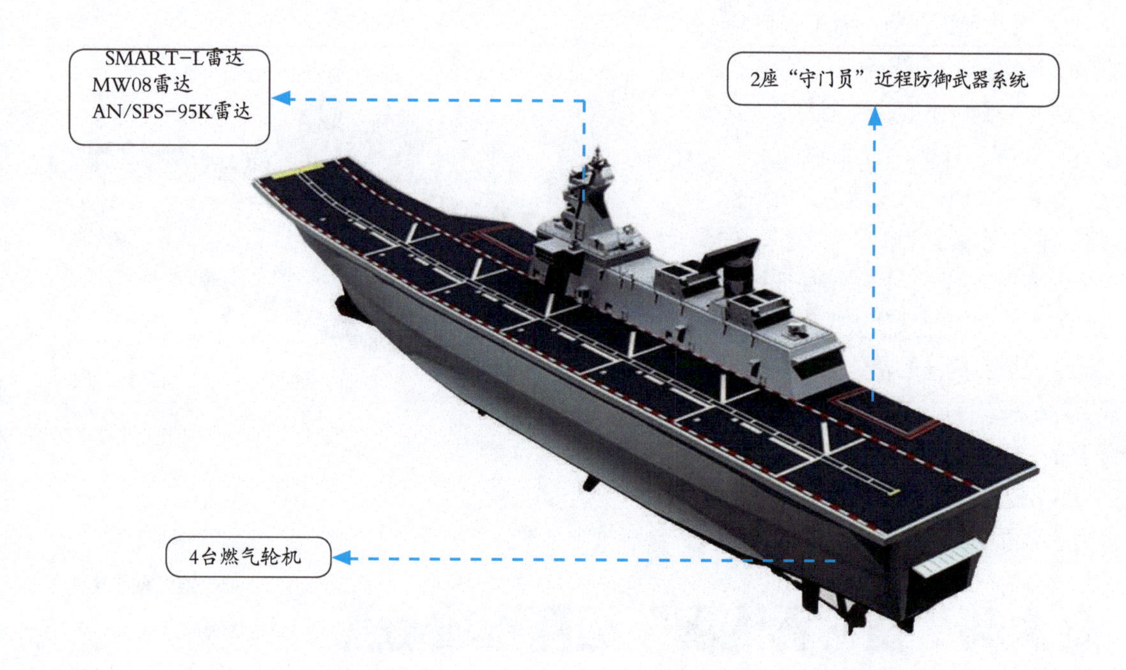

“独岛”(Dokdo)级两栖攻击舰是韩国于21世纪初开始建造的两栖攻击舰，计划建造3艘，首舰于2007年开始服役。该级舰拥有类似美国“塔拉瓦”级两栖攻击舰、“黄蜂”级两栖攻击舰的构型，都采用类似航空母舰的长方形全通式飞行甲板以及位于侧舷的舰岛，并设有可装载登陆载具的舰内坞舱，登陆载具由舰艉的大型闸门进出。不过相较于两种美国两栖攻击舰，“独岛”级两栖攻击舰的尺寸与吨位明显小得多。

▲ “独岛”级两栖攻击舰侧前方视角

▲ “独岛”级两栖攻击舰左舷视角

第8章

光影中的作战舰艇

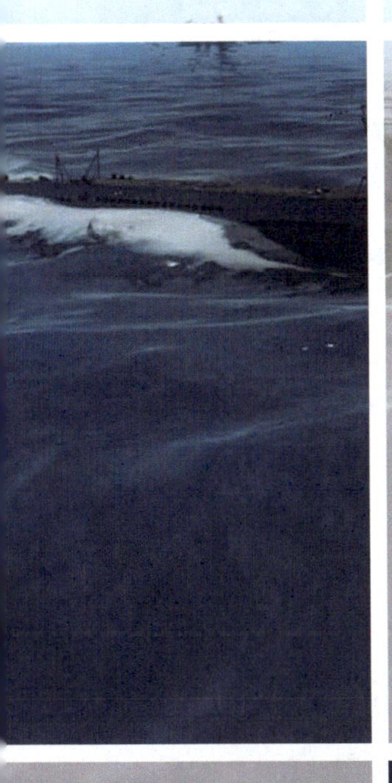

对于大多数人来说，参观真实作战舰艇的机会少之又少，更多的是通过电影和游戏等途径来了解它们。在战争题材的电影和游戏中，作战舰艇往往是除了主演以外最夺人眼球的存在。本章主要介绍一些经典电影和游戏中出现过的作战舰艇，可以帮助读者从侧面了解这些海上雄兵。

电影中的作战舰艇

◆《碧血长天》

片名	碧血长天（The Final Countdown）	首映日期	1980年7月9日
产地	美国	类型	冒险、科幻、战争
时长	103分钟	票房	5665万美元
导演	唐·泰勒	编剧	托马斯·亨特
主演	柯克·道格拉斯、马丁·辛、凯瑟琳·罗斯		

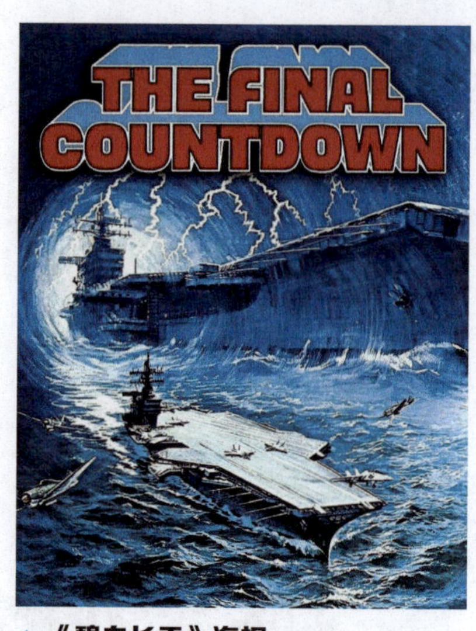

▲《碧血长天》海报

★ 剧情简介

影片中美国“尼米兹”号航空母舰在例行维修时，遭遇奇怪的风暴，突然与美国太平洋舰队失去联系。在遭遇日本零式战斗机和发现珍珠港泊满了二战前的战舰后，舰上官兵才意识到，自己所在的航空母舰穿过时光隧道，回到了二战前夕的珍珠港。舰上官兵进一步发现正要对珍珠港发动攻击、启发战端的日本航空母舰编队，他们必须做出抉择：要么凭借自己先进的战斗机和导弹对日本舰队抢先发动进攻，进而避免珍珠港惨遭浩劫，同时改变历史；要么远离珍珠港让历史顺其自然地发展。

▲《碧血长天》剧照

★ 幕后制作

影片中，一架 F-14 战斗机做出“悬崖跳水”动作并在即将撞到水面时重新升空，戏耍了尾随在后的日本零式战斗机。该镜头中 F-14 战斗机飞行时产生的音效不仅有实录的 F-14 战斗机声音，还混入了飞行员的妻子首次看到这一素材时发出的犀利尖叫，在影院里的效果十分震撼。

★ 舰艇盘点

影片的主要情节是“尼米兹”号航空母舰的全体舰员陷入日本偷袭珍珠港事件之后发生的一系列故事。为了尽可能地追求真实，影片全程都在“尼米兹”号航空母舰上实拍，有着大量的航空母舰作业的实景镜头，例如普通的弹射、降落的情节，都拍得十分细致到位。

▲影片中的“尼米兹”号航空母舰

◆ 《超级战舰》

片名	超级战舰（Battleship）	首映日期	2012年4月18日
产地	美国	类型	科幻
时长	131分钟	票房	3亿美元
导演	彼得·博格	编剧	乔·霍伯
主演	泰勒·克奇、布鲁克林·戴可儿、蕾哈娜、连姆·尼森		

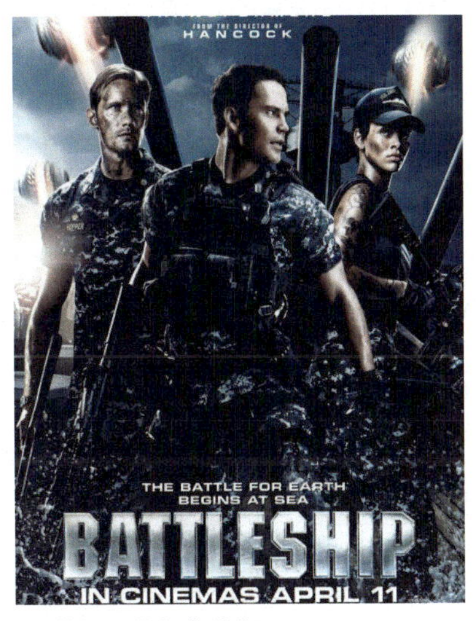

▲《超级战舰》海报

★ 剧情简介

影片中美国海军军官艾利克斯·霍普中尉被上级派往“约翰·保罗·琼斯”号导弹驱逐舰上履行职务，在夏威夷的一次多国联合海上演习时，舰队遇到了隐匿在太平洋深海的外星巨型战舰。艾利克斯·霍普率领被保护罩孤立的海军舰队，与来自外太空的外星战舰震撼开战。

▲《超级战舰》剧照

★ 幕后制作

《超级战舰》的故事灵感来自于孩之宝公司的同名畅销战棋游戏“战舰攻防战”。影片拍摄的前几周时间里，都是在水面实拍，包括外星飞船最初露面的几场戏。剧组为此在海面上造了一个很大型的场景，用于拍摄宏伟壮观的大远景。

★ 舰艇盘点

影片动用了多艘真实的美国海军和日本海上自卫队驱逐舰、战列舰及航空母舰入镜，包括“密苏里”号战列舰、“里根”号航空母舰、“桑普森”号驱逐舰、“约翰·保罗·琼斯”号驱逐舰、“妙高”号驱逐舰。

▲影片中的“密苏里”号战列舰

游戏中的作战舰艇

◆ 《战舰世界》

游戏名	战舰世界（World of Warships）	上线日期	2015年3月12日
产地	白俄罗斯	游戏类型	第三人称射击
开发商	战争博弈游戏研发公司	游戏平台	PC（个人计算机）

▲《战舰世界》海报

★ 游戏剧情

《战舰世界》的历史背景设定在20世纪前半叶，当时世界接连发生两次世界大战，世界各国为扩大自己的海上军事实力、与敌对方抗衡，不断设计制造新型的战舰。游戏中玩家将会操控各国著名战舰鏖战大洋，重现二战世界大型海战实景。游戏中有三种战斗模式可选择：两队玩家之间的标准战斗（PvP），玩家与电脑对战的联合作战（PvE）以及排位战，战斗地图为系统随机选择。不同的地图有不同的战斗方式和取胜目标。

▲《战舰世界》游戏画面

★ 幕后制作

《战舰世界》是由白俄罗斯战争博弈（Wargaming）游戏研发公司出品、空中网在中国运营的一款战争题材第三人称载具射击网游，是系列战争网游三部曲的第三部，其他两部分别为《坦克世界》和《战机世界》。

★ 舰艇盘点

《战舰世界》收录了从一战到20世纪50年代末世界各国的各种战舰，包括航空母舰、战列舰、巡洋舰和驱逐舰等，一些仅仅设计出图纸，并没有实际建造出来的战舰也有登场。

▲《战舰世界》壁纸

▲游戏中的美国“兰利”号航空母舰

◆《猎杀潜航5：大西洋战役》

游戏名	猎杀潜航5：大西洋战役（Silent Hunter V：Battle of the Atlantic）	上线日期	2010年3月2日
产地	法国	游戏类型	模拟
开发商	育碧娱乐软件公司	游戏平台	PC（个人计算机）

▲《猎杀潜航 5：大西洋战役》海报

★ 游戏剧情

《猎杀潜航 5：大西洋战役》是著名潜艇仿真游戏“猎杀潜航”的第五代，游戏将带领玩家深入大西洋和地中海的广阔海域，玩家能够以第一人称视角体验潜艇艇长的戎马生涯，领导手下舰员与敌军厮杀。

▲《猎杀潜航 5：大西洋战役》潜艇内部画面

★ 幕后制作

《猎杀潜航 5：大西洋战役》拥有“猎杀潜航”史上最真实、最具沉浸感的画面，潜艇内部细节丰富、真实。新手也可以轻松指挥潜艇，高手则能在专家模式得到所有必需的信息和命令，完全自主指挥。

▲《猎杀潜航 5：大西洋战役》远景画面

★ 舰艇盘点

《猎杀潜航 5：大西洋战役》中收录了二战时期德国、英国和美国等国的经典潜艇，尤其是德国的 U 型潜艇。

▲《猎杀潜航 5：大西洋战役》中的德国舰艇

参考文献

[1] 军情视点 . 全球舰艇图鉴大全 [M]. 北京：化学工业出版社，2016.

[2] 江泓. 世界武力全接触——美国海军 [M]. 北京：人民邮电出版社，2013.

[3] 查恩特. 现代巡洋舰驱逐舰和护卫舰 [M]. 北京：中国市场出版社，2010.

[4] 陈艳. 潜艇——青少年必知的武器系列 [M]. 北京：北京工业大学出版社，2013.

[5] 哈钦森. 简氏军舰识别指南 [M]. 北京：希望出版社，2003.